Consenso pubblico ed analisi economico-finanziaria nel "progetto di fattibilità"

Linee guida ed applicazione al progetto di riqualifica-zione della Linea ferroviaria Formia-Gaeta

Armando Cartenì, Ilaria Henke

2016

Prima edizione: Dicembre, 2016

ISBN: 978-1-326-86678-5

Lulu Enterprises, Inc. - U.S.A.

Indice

1.0 Introduzione

Negli ultimi anni, nel settore dei trasporti, si è assistito ad una progressiva contrazione dei fondi (regionali, nazionali e comunitari) stanziati per realizzare opere di pubblica utilità. Parallelamente, si è riscontrata anche una criticità nella capacità di spesa dei fondi pubblici nel nostro Paese (in termini di bassa qualità dei progetti prodotti, elevati tempi e costi di realizzazione), oltre ad uno scarso consenso pubblico che spesso ostacola le nuove realizzazioni. Recentemente il Governo italiano ha deciso di invertire questa tendenza avviando una nuova stagione di pianificazione dei trasporti definendo prima gli obiettivi, le strategie e le azioni della nuova pianificazione, programmazione e progettazione delle infrastrutture dei trasporti (Allegato Documento di Economia e Finanza aprile, 2016 – ex Allegato Infrastrutture) e poi introducendo alcuni importanti nuovi elementi in materia di lavori pubblici (Nuovo Codice degli Appalti - D.lgs. 18 aprile 2016 n. 50). Con riferimento al settore dei trasporti, il Nuovo Codice degli Appalti prevede che vengano redatti specifici documenti di pianificazione e programmazione per i trasporti (Piano Generale dei Trasporti e della Logistica e i Documenti Pluriennali di Pianificazione). Affinché un'opera possa essere inserita all'interno dell'elenco degli interventi prioritari per lo sviluppo del Paese (e quindi finanziata) occorre che venga redatto il **progetto di fattibilità tecnica ed economica**. Nel progetto di fattibilità, si prevede che venga effettuato il confronto tra diverse alternative di progetto, al fine di individuare (scegliere) quella che presenta il miglior rapporto tra costi e benefici per la collettività. Il progetto di fattibilità deve quindi comprendere al suo interno (in una relazione tecnica) tutte le analisi necessarie per valutare la fattibilità e la convenienza economico-finanziaria di un intervento.

Ulteriore elemento di novità del Nuovo Codice degli Appalti è l'introduzione del **dibattito pubblico,** obbligatorio per "*le grandi opere*", finalizzato a giungere a progetti il più possibile condivisi e da effettuarsi già sul progetto di fattibilità tecnica ed economica, ovvero

1

quando ancora tutte le scelte possono ancora essere messe in discussione.

Partendo da queste considerazioni, l'**obiettivo** di questo testo è duplice:

1) fornire al lettore delle **linee guida per la redazione della prima fase del progetto di fattibilità tecnica ed economica e per le attività di dibattito pubblico** (noto anche come Stakeholder Engagement o Public Engagement), con riferimento agli interventi sui sistemi di trasporto secondo quanto previsto nel Nuovo Codice degli Appalti (2016). Tali linee guida vanno intese come rivolte sia ai tecnici del settore che alle Pubbliche Amministrazioni che vogliano applicare le recenti prescrizioni normative in materia di pianificazione e progettazione dei sistemi di trasporti nonché di finanziamenti pubblici;

2) **valutare**, attraverso l'applicazione delle linee guida proposte, **la convenienza economica e sociale del Progetto di riqualificazione della linea ferroviaria Formia-Gaeta**, linea storica italiana di particolare pregio storico-culturale, chiusa all'esercizio nel 1981 ed in parte già riqualificata (per due terzi del suo tracciato complessivo).

Il volume si compone di tre parti: nella prima sezione è riportata una sintesi del recente quadro normativo in materia di pianificazione dei trasporti; nella seconda parte sono definite le linee guida per la redazione delle analisi costi-benefici e ricavi-costi così come previsto dalla normativa vigente; nella terza sezione è proposta una metodologia utile per effettuare lo Stakeholder Engagement al fine di pervenire a scelte il più possibile condivise dai portatori di interesse coinvolti nel processo decisionale. Infine, nell'ultima parte si descrive nel dettaglio l'applicazione delle linee guida proposte al Progetto di riqualificazione della linea ferroviaria Formia-Gaeta quale esempio di opera *"utile, snella e condivisa"*.

Ringraziamenti

Gli autori ringraziano il Consorzio Sud Pontino per aver messo a disposizione i propri dati per la redazione dello studio, nonché per aver autorizzato questa pubblicazione.

Si ringraziano l'ing. Armando Carbone per il contributo fornito alla ricerca ed analisi della bibliografia di settore funzionale alla stesura del Capitolo 3 e l'ing. Alessandro Sabatini per aver contribuito alla fase di indagini sul campo ed analisi dei risultati riportati nel Capitolo 5. Un ringraziamento va anche a Luigi De Crescenzo che ha contribuito alla ricostruzione storica della linea ferroviaria Formia-Gaeta (Paragrafo 5.2).

Infine, un ringraziamento speciale va anche all'ing. Mario Martino, per il contributo tecnico fornito sulle attività inerenti il dibattito pubblico relativo al progetto di riqualificazione della linea Formia-Gaeta (Paragrafo 5.5).

Ovviamente gli autori restano i soli eventuali responsabili di errori o omissioni.

2.0 Il quadro normativo di riferimento

2.1 L'allegato infrastrutturale al Documento di Economia e Finanza (DEF, 2016)

L'allegato Infrastrutturale al Documento di Economia e Finanza 2016, meglio denominato come *Strategie per le infrastrutture di trasporto e logistica*, individua le principali criticità attuali e definisce gli obiettivi, le strategie e le azioni per la nuova politica di investimenti del Paese. Vengono in particolare definiti **quattro obiettivi** strategici:
1. accessibilità ai territori dell'Europa ed al Mediterraneo;
2. qualità della vita e competitività delle aree urbane;
3. sostenibilità alle politiche industriali di filiera;
4. mobilità sostenibile e sicura.

Nel testo viene sottolineato come l'evoluzione e lo sviluppo del Paese deve partire dalle aree urbane. Per fare ciò occorre quindi aumentare l'accessibilità di queste aree del Paese al fine di migliorare la qualità della vita della popolazione, nonché valorizzare e potenziare il turismo.

Oltre al miglioramento dell'accessibilità, nel documento si fa riferimento anche allo sviluppo della mobilità sostenibile ed al trasporto multimodale partendo dalle modalità di trasporto rapido di massa (es. metropolitane e tram) e sfruttando il naturale e rapido sviluppo di nuovi servizi di mobilità come la sharing-mobility (es. car-sharing, bike-sharing, park-sharing, car-pooling).

Sempre nel Documento di Economia e Finanza vengono individuati i target per raggiungere i quattro obiettivi strategici definiti:
- Target di accessibilità: +30% popolazione servita dall'Alta Velocità ferroviaria entro il 2030;
- Target di mobilità sostenibile:
  - ripartizione modale della mobilità urbana (40% trasporto pubblico e 10% mobilità ciclo-pedonale);

- +20% di km di tram/metro per abitante, in aree urbane entro il 2030.

Al fine di raggiungere i target prefissati vengono anche individuate delle **strategie trasversali**:
a) sviluppo urbano sostenibile;
b) valorizzazione del patrimonio esistente;
c) infrastrutture utili, snelle e condivise;
d) integrazione modale ed intermodale.

Infine, per ciascuna di tali strategie, nel Documento vengono anche individuate una serie **di azioni** che il Ministero dei Trasporti intende implementare:
a) sviluppo urbano sostenibile:
 - cura del ferro nelle aree urbane;
 - accessibilità delle aree urbane e metropolitane;
 - qualità ed efficientamento del TPL;
 - sostenibilità del trasporto urbano;
 - tecnologie per città intelligenti;
b) valorizzazione del patrimonio esistente:
 - programmazione degli interventi di manutenzione;
 - miglioramento del servizio e della sicurezza;
 - efficientamento e potenziamento tecnologico;
 - incentivazione dei sistemi ITS;
 - efficientamento del trasporto aereo;
c) infrastrutture utili, snelle e condivise:
 - pianificazione nazionale unitaria;
 - programmazione e monitoraggio degli interventi;
 - miglioramento della qualità della progettazione;
d) integrazione modale ed intermodale:
 - accessibilità ai nodi e interconnessione tra le reti;
 - riequilibrio della domanda verso modalità di trasporto più sostenibili;
 - promozione dell'intermodalità.

2.1 Il Nuovo Codice degli Appalti (D.lgs. n. 50/2016)

Con riferimento alla pianificazione sui sistemi di trasporto, il Nuovo Codice degli Appalti stabilisce che, *"al fine della individuazione delle infrastrutture e degli insediamenti prioritari per lo sviluppo del Paese"*, siano redatti specifici documenti di pianificazione e programmazione per i trasporti:
-   il Piano Generale dei Trasporti e della Logistica – PGTL;
-   i Documenti Pluriennali Di Pianificazione – DPP (di cui all'art. 2, comma 1, e all'art. 201 del D.lgs. n. 228 del 2011).

Il Piano Generale dei Trasporti e della Logistica (PGTL), è il documento di pianificazione strategica del Paese che, oltre a delineare gli scenari previsionali del sistema di mobilità nazionale, definisce gli obiettivi del sistema integrato dei trasporti.

Il Documento Pluriennale di Pianificazione, strumento di programmazione triennale delle risorse per gli investimenti pubblici, contiene sia l'elenco degli interventi prioritari per lo sviluppo del Paese, dei quali il Ministero delle Infrastrutture e dei Trasporti finanzia la realizzazione, sia l'elenco delle opere la cui progettazione di fattibilità è valutata meritevole di finanziamento (art. 201, comma 3 del D.lgs. n. 50 del 2016).

Il nuovo Codice degli Appalti modifica le tradizionali fasi della progettazione, sostituendole con tre nuovi livelli: il progetto di fattibilità tecnica ed economica, il progetto definitivo ed il progetto esecutivo (art. 23, comma 1). Affinché un'opera possa essere inserita all'interno del DDP, le Regioni, le Province autonome, le Città Metropolitane e gli altri Enti competenti devono trasmettere al Ministero delle Infrastrutture e dei Trasporti proposte di interventi per i quali è stato redatto il progetto di fattibilità tecnica ed economica.

2.1.1 Il progetto di fattibilità tecnica ed economica

Il progetto di fattibilità tecnica ed economica (nel seguito del testo per semplicità indicato anche come semplicemente progetto di fattibilità) incorpora tutte le analisi che precedentemente erano previste nello Studio di Fattibilità (ai sensi dell'art. 14 del DPR n. 207 del 2010), vale a dire: *i*) le analisi di più alternative progettuali e la relativa fatti-

bilità tecnica; *ii*) la sostenibilità finanziaria ed economico-sociale; *iii*) la compatibilità ambientale e la verifica procedurale; *iv*) l'analisi del rischio e di sensitività.

Nello specifico, il progetto di fattibilità può essere suddiviso in **due differenti fasi**:

1. **valutazione e confronto tra diverse alternative di progetto**, al fine di individuare (scegliere) quella che presenta il miglior rapporto tra costi e benefici per la collettività (art. 23, comma 5 del D.lgs. n. 50 del 2016);

2. **progettazione di dettaglio per la soluzione progettuale scelta**.

Nella prima fase del progetto di fattibilità, la valutazione ed il confronto di diverse alternative progettuali andrà fatto nel rispetto dei fabbisogni infrastrutturali (accessibilità) e di mobilità (sociali) definiti negli obiettivi e nelle strategie indicati nell'allegato infrastrutturale del Documento di Economia e Finanza (aprile, 2016), nonché nel rispetto degli obiettivi specifici e dei fabbisogni da porre a base dell'intervento e le specifiche esigenze qualitative e quantitative da soddisfare, tutti raccolti in un *"quadro esigenziale"* di sintesi (secondo quanto previsto nei decreti attuativi del D.lgs. n. 50 del 2016). Ovviamente le analisi e le elaborazioni da produrre nel progetto di fattibilità saranno condizionate dalla dimensione e dalla tipologia dell'intervento in oggetto.

In questa prima fase, il progetto di fattibilità deve comprendere al suo interno (in una relazione tecnica di fattibilità) tutte le analisi necessarie per valutare la fattibilità e la convenienza economico-finanziaria di un intervento, tra cui:

1. **inquadramento territoriale e socio-economico** ed individuazione degli **obiettivi da perseguire**;

2. individuazione delle **possibili soluzioni/alternative di progetto**, definendo per ogni alternativa:

   a. caratteristiche progettuali, funzionali, tecniche, costruttive, impiantistiche, gestionali ed economico-finanziarie del tracciato;

   b. tempi di progettazione e realizzazione;

   c. indicazione delle procedure di realizzazione;

3. **analisi dell'offerta di trasporto attuale e di non intervento** (ovvero quella tendenziale considerando tutti gli interventi invarianti già programmati e/o previsti nel periodo di analisi);

4. **stime di traffico**, ovvero **analisi della domanda** attuale, di non intervento e prevista per le diverse soluzioni progettuali (comprensiva dell'eventuale domanda indotta e/o deviata);

5. analisi dei **costi d'investimento, di gestione e di manutenzione** per le diverse soluzioni progettuali individuate;

6. analisi **costi-efficacia** relativa a ciascuna delle alternative progettuali.

In particolare, queste attività non risultano sempre sufficienti per concludere la prima fase, soprattutto quando si voglia valutare la fattibilità di una *"grande opera"* (es. un'opera che prevede un investimento superiore a 10 milioni di euro o le opere prive di remunerabilità da introiti tariffari). In questo caso risultano quindi necessarie ulteriori analisi di maggior dettaglio tra cui:

7. **analisi territoriale** (es. verifiche geologiche, idrogeologiche ed idrauliche);

8. **analisi ambientale e paesaggistica** (es. vincoli ambientali, storici, archeologici e paesaggistici);

9. **analisi costi-ricavi** per valutare la fattibilità finanziaria delle differenti alternative progettuali;

10. **analisi costi-benefici** per valutare la fattibilità economica delle differenti alternative progettuali, attraverso la stima degli impatti socio-economici, territoriali ed ambientali;

11. **analisi del rischio e di sensitività** relativa alle diverse alternative progettuali.

La prima fase si conclude con la redazione di un documento di fattibilità relativo alle alternative progettuali che riporta i risultati della valutazione e il confronto delle diverse soluzioni confrontate. In questa fase viene scelta l'alternativa progettuale migliore (o al più le migliori due), ovvero quella che presenta il miglior rapporto tra costi e benefici per la collettività (art. 23, comma 5 del D.lgs. n. 50 del 2016). Tale documento conclusivo risulta funzionale all'elaborazione della seconda fase del progetto di fattibilità che riguarderà la redazione di ulteriori analisi più di dettaglio per l'alternativa scelta. In

particolare, nella seconda fase del progetto, oltre a tutti gli elaborati grafici utili per le analisi preliminare e di contesto, sarà necessario redigere i seguenti documenti:

a) **una relazione tecnica ed economica** che, a seguito degli studi tecnici condotti nella prima fase del progetto di fattibilità, riporterà i risultati di ulteriori indagini tecniche di maggiore approfondimento (es. analisi geologiche, sismiche, idrologiche, archeologiche, su mobilità e traffico);

b) **uno studio ambientale preliminare** che contenga: i) l'elenco delle autorizzazioni necessarie (es. concessioni, licenze, pareri); ii) le caratteristiche del progetto (es. superficie e volume del progetto; risorse naturali utilizzate; quantità di rifiuti prodotte); iii) un'analisi ambientale e paesaggistica che descriva nel dettaglio, ad esempio, le soluzioni progettuali per la minimizzazione dell'impatto ambientale e per il paesaggio, i criteri tecnici scelti nel rispetto delle norme ambientali, la stima degli effetti del progetto sull'ambiente e sulla salute umana. Questo studio dovrà inoltre prevedere, in funzione della tipologia dell'opera, la redazione di tutti i documenti di valutazione previsti dalla normativa vigente (es. Valutazione di Impatto Ambientale, Verifica di Assoggettabilità, D.lgs. n. 152/2006);

c) **la stima sommaria della spesa, il quadro economico e la redazione di un Piano Economico e Finanziario (PEF) di massima.**

Gli elaborati della seconda fase del progetto di fattibilità dovranno inoltre contenere anche delle analisi di dettaglio circa le soluzioni proposte per ridurre gli impatti ambientali nelle diverse fasi di cantiere per ridurre gli effetti sull'ambiente, sul paesaggio e sul patrimonio storico.

Il D.lgs. n. 50 del 2016 (Nuovo Codice degli Appalti) rimanda a successivi decreti e linee guida le indicazioni di dettaglio circa contenuti e parametri da utilizzare nelle analisi, con l'obiettivo di fornire una metodologia unitaria (riducendo le discrezionalità tecniche), oltre a uniformità e comparabilità dei risultati, per le opere candidate all'inserimento nel DPP.

2.1.2 Il dibattito pubblico

Ulteriore elemento di novità del Nuovo Codice degli Appalti è l'introduzione del **dibattito pubblico** (il termine anglosassone spesso utilizzato è Public Engagement o Stakeholder Engagement) **per giungere ad opere condivise** (art. 22 del D.lgs. n. 50 del 2016), che risulta obbligatorio per le *"grandi opere"* (es. con investimento superiore a 10 milioni di euro o prive di remunerabilità da introiti tariffari). Nel testo si rimanda a successivi decreti attuativi e linee guida per la specificazione delle soglie dimensionali e la tipologia di opera per la classificazione di *grande opera infrastrutturale*.

Nell'art. 22 si schematizzano gli elementi essenziali della consultazione pubblica, in particolare:

–   le amministrazioni aggiudicatrici e gli enti aggiudicatori devono **rendere pubblici i progetti di fattibilità** per i grandi progetti infrastrutturali e di architettura di rilevanza sociale, aventi impatto sull'ambiente, sulle città o sull'assetto del territorio;

–   il **dibattito deve essere effettuato sul progetto di fattibilità**, ovvero quando ancora tutte le scelte possono ancora essere messe in discussione (è infatti in questa fase che si decide il "valore" dell'opera finale);

–   le amministrazioni aggiudicatrici e gli enti aggiudicatori devono **rendere pubblici gli esiti della consultazione pubblica**, riportando i resoconti degli incontri e dei dibattiti con i soggetti portatori di interesse;

–   il dibattito deve concludersi **entro 4 mesi**, durante i quali si prevede la convocazione di conferenze, a cui sono invitate le amministrazioni interessate e altri portatori di interesse, compresi i comitati dei cittadini.

Nelle linee guida emanate dal Ministero delle Infrastrutture e dei Trasporti, per le opere definite secondo l'ex Allegato I, (DPCM 3 agosto 2012, punto 2.5) di categoria B[1] ,C[2] e D[3], per le quali si stimano signi-

---

[1] Opere di Categoria B: nuove opere puntuali, con investimenti inferiori ai 10 milioni di euro, prive di introiti tariffari.

[2] Opere di Categoria C: opere, con investimenti superiori ai 10 milioni di euro, prive di introiti tariffari.

ficativi impatti territoriali (es. scelte tra più alternative di tracciato di una nuova infrastruttura stradale), si prevede che già nella fase preliminare del progetto di fattibilità venga condotta un'indagine di conflict assessement al fine di individuare potenziali conflitti territoriali connessi all'intervento oggetto di analisi. Seconda finalità di questa indagine preliminare è anche quella di recuperare informazioni utili per stimare i "pesi" da attribuire ai criteri di valutazione per le differenti alternative di intervento da confrontare.

Sempre nelle linee guida redatte del Ministero, vengono esplicitati i criteri e la metodologia per la selezione delle opere da ammettere a finanziamento pubblico e da includere nel DPP. Ad esempio, è elemento di premialità, per le opere di tipo C e D, l'avvenuto dibattito pubblico o altre forme di Public Engagement. Saranno inoltre valutati positivamente:

– la pluralità dei punti di vista emersi nel corso del dibattito (valutando ad esempio la quantità di proposte e richieste di informazioni raccolte via email o con altri strumenti informatici e non);

– la capillarità con cui è stata svolta la partecipazione, l'informazione e la comunicazione;

– gli effetti del dibattito pubblico recepiti nel progetto (come ad esempio la quantità di elementi e/o valutazioni che hanno consentito di migliorare e/o integrare il progetto).

---

[3] Opere di Categoria D: Opere di qualsiasi dimensione, escluse quelle di interventi di rinnovo del capitale (ovvero di tipo A), per le quali è prevista una tariffazione del servizio.

3.0 Linee guida per la redazione delle analisi economico-finanziarie per le infrastrutture ed i servizi di trasporto

La pianificazione dei sistemi di trasporto riguarda quella sequenza di azioni compiute per individuare degli interventi (prendere delle decisioni) sul sistema dei trasporti o su sue parti, al fine di raggiungere degli obiettivi prefissati tenendo conto dei vincoli esistenti. In un buon processo decisionale, l'attività di valutazione e confronto di più alternative progettuali rappresenta la fase conclusiva immediatamente precedente all'implementazione e successivo monitoraggio.

Il processo decisionale relativo agli interventi su un sistema di trasporto è, di solito, molto più complesso ed articolato di quanto avviene in molti altri settori dell'ingegneria, soprattutto quando il decisore deve considerare, direttamente o indirettamente, anche gli effetti per la collettività e l'ambiente. Per tale motivo, nel seguito di questo capitolo si farà prevalentemente riferimento al caso di interventi complessi e che producono un più ampio spettro di impatti (a partire da questi, l'estensione a casi più semplici risulta infatti immediata).

Un processo decisionale razionale può riguardare sia la valutazione di un singolo progetto sia il confronto tra più soluzioni progettuali alternative (questo secondo caso è generalmente da preferire perché conduce a scelte più razionali). Nel primo caso si tratta di decidere circa la convenienza, economica e/o finanziaria, di realizzare un progetto rispetto all'ipotesi di "non fare" (es. la realizzazione o meno di una nuova strada). Nel secondo caso il processo decisionale si conclude con lo scegliere la migliore fra le diverse soluzioni proposte per un progetto di cui si è preventivamente verificata la convenienza sia tecnica che sociale (es. la scelta del migliore tracciato autostradale che si ritiene utile realizzare).

La valutazione quantitativa degli impatti di interventi su di un sistema dei trasporti nasce negli Stati Uniti negli anni '30, nel corso del piano di riforme economiche e sociali (New Deal) promosso dal presidente Roosevelt, come criterio per la valutazione dei progetti riguardanti lo sfruttamento delle risorse idriche, per poi diffondersi rapidamente negli anni successivi ad altri settori (campi) di applicazione. A velocizzare la sua diffusione ha contribuito sicuramente ananche il processo di liberalizzazione di alcuni settori del mercato del trasporto ed il coinvolgimento sempre più frequente dei capitali privati nel finanziamento delle infrastrutture e/o nella gestione di servizi di trasporto.

In genere, per eseguire una corretta valutazione di interventi è importante definire per conto di quale soggetto viene eseguita l'analisi. Gli interventi su di un sistema dei trasporti possono infatti essere progettati e verificati sia nell'ottica delle aziende (private e pubbliche) che producono servizi e/o gestiscono infrastrutture, ed il cui unico obiettivo è la massimizzazione del profitto (in genere in questo caso si parla di **analisi finanziaria**), ovvero nell'ottica della collettività il cui obiettivo è l'aumento del benessere (*welfare*) e della qualità della vita dei sui cittadini (ed in questo caso si parla di **analisi economica**).

Nel caso dell'analisi finanziaria, i "benefici" ed i "costi" sono esprimibili in termini monetari; i primi sono composti dai ricavi conseguenti alla vendita del servizio di trasporto e da eventuali finanziamenti e rimborsi, i secondi sono i diversi costi finanziari connessi alla produzione del servizio, quali, ad esempio, il costo di costruzione, i costi per la manutenzione e l'esercizio, le imposte, le tasse.

Per contro, nell'analisi economica, generalmente associata ad un decisore pubblico o ad uno privato che voglia accedere a forme di partenariato pubblico privato, la valutazione degli interventi diviene più complessa in quanto gli obiettivi divengono molteplici (e spesso contrastanti) e differenziati tra i diversi soggetti coinvolti. I progetti vanno valutati tenendo conto degli impatti positivi e negativi (benefici e costi) che essi hanno rispetto agli obiettivi che riguardano la collettività, o meglio, i diversi gruppi omogenei che la compongono (es. per caratteristiche socio-economiche e per tipologia di impatto ricevuto). Alcuni utenti del sistema di trasporto possono infatti ricevere dei benefici da un particolare progetto (es. aumento dei modi di trasporto disponibili, riduzione dei tempi o dei costi di viaggio, aumento di accessibilità) mentre altri potrebbero ricavarne vantaggi minori o addirittura degli svantaggi (es. aumento dei tempi e dei costi di viaggio). Ciò può verificarsi, ad esempio, in un'area urbana per il trasfe-trasferimento della congestione da una zona ad un'altra in seguito alla realizzazione di interventi quali, ad esempio, la realizzazione di una zona a traffico limitato, strategie di controllo semaforico, pedaggiamento della sosta. Questo fenomeno è spesso ancora più evidente confrontando i benefici per gli utenti del sistema (es. gli automobilisti che beneficeranno dell'intervento) con i costi prodotti verso alcuni non utenti (es. i cittadini che risiedono nell'area dove verrà realizzata una nuova autostrada e che quindi subiranno maggiore inquinamento acustico ed ambientale).

Attività centrale per la valutazione ed il confronto degli interventi sui sistemi di trasporto è **la quantificazione (stima) degli effetti rilevanti** che si prevede un intervento produrrà sul sistema dei trasporti.

Gli effetti di un progetto sono di solito valutati in termini differenziali ovvero come **variazioni fra uno scenario di Progetto (P) e quello di Non Progetto (NP)** (avvolta noto anche come scenario programmatico o di non intervento). Lo scenario NP in genere non coincide con lo stato attuale del sistema, ma rappresenta l'evoluzione che questo avrà sino al momento in cui si ritiene vengano realizzati gli interventi previsti nel piano/progetto secondo sia le naturali evoluzioni tendenziali (es. variazioni demografiche) sia le evoluzioni dovute agli interventi (sul sistema dei trasporti o che impattano su di esso) già previsti o in corso di realizzazione (interventi invarianti). La dimensione temporale è quindi un altro fattore importante da tenere in conto e che influenza la quantificazione degli impatti. Basti pensare che i diversi impatti di un intervento si verificano nel tempo in modo differenziato (es. i costi di costruzione si esauriscono in un periodo di tempo breve mentre quelli di manutenzione ed esercizio sono presenti per l'intera vita utile dell'opera). Al variare del tempo, inoltre, alcuni effetti possono mutare di intensità o di segno (es. le variazioni di costo generalizzato o del valore degli immobili che possono essere negative durante la fase di cantierizzazione di una infrastruttura e diventare positive durante la fase di esercizio).

Per alcune tipologie di interventi "più semplici", come ad esempio la realizzazione di singole infrastrutture (es. stradali), per la quantificazione degli impatti possono essere considerati esclusivamente gli effetti (benefici e costi) monetari o monetizzabili per gli utenti che beneficeranno dell'intervento e per il gestore (eventuale) dell'infrastruttura/servizio. Tra gli effetti per gli utenti utilizzatori dell'infrastruttura andranno contemplate le variazioni degli attributi di livello di servizio tra cui, ad esempio, le variazioni (rispetto allo scenario di non intervento) del tempo di viaggio, del costo monetario, del pedaggio, dell'uso dei veicoli, degli incidenti. Gli effetti monetari per il gestore dell'infrastruttura o del servizio comprenderanno invece il costo di costruzione, comprensivo della acquisizione dei terreni, i costi di esproprio, i costi di investimento in mezzi e tecnologie, le variazioni dei costi di manutenzione e di esercizio, le variazioni di introiti da eventuale pedaggio (vendita del servizio), nonché le variazioni dovute ai trasferimenti di capitale (es. imposte e tasse sulla benzina, imposte e tasse sulle proprietà immobiliari).

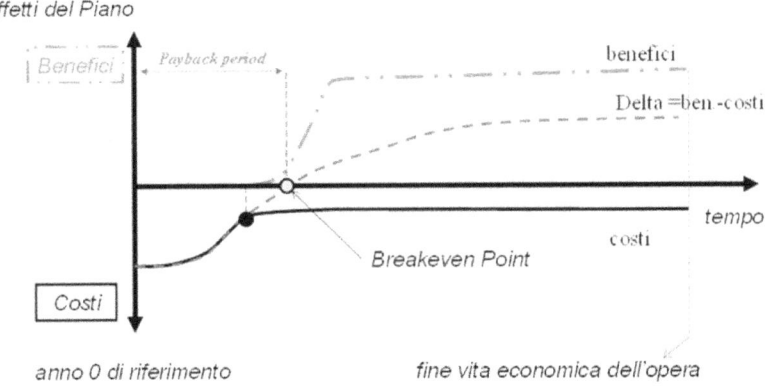

Figura 1 – L'orizzonte temporale di analisi e la convenienza finanziaria/economica di un investimento

Per i piani e/o progetti più complessi, per i quali sono previsti più interventi, ovvero per i quali si ritiene che vi siano impatti significativi non solo per i diretti beneficiari del piano/progetto, è necessario quantificare (stimare) gli impatti per il complesso degli utenti del sistema dei trasporti (**impatti trasportistici**), sia quelli attuali che quelli eventualmente generati dall'intervento (domanda generata o

15

deviata). In particolare è opportuno stimare le variazioni di costo generalizzato di trasporto (o di surplus nel caso più generale come si vedrà meglio nel seguito), percepito e non percepito, associate alle diverse modalità di trasporto e per le differenti classi omogenee di utenti (segmenti di mercato omogenei per motivo dello spostamento, caratteristiche socio-economiche ed attributi di livello di servizio). Oltre a questi impatti, vanno tenute in conto anche le esternalità che gli interventi del piano si prevede produrranno sia per i membri della collettività non direttamente interessati dagli interventi di trasporto (es. variazioni di inquinamento da polveri sottili), di solito indicati come non utenti, sia per l'ambiente esterno (es. variazione delle emissioni di gas climalteranti). Tali esternalità possono riguardare il sistema economico, territoriale, sociale ed ambientale.

Gli **impatti economici** possono essere definiti come le variazioni di stato del sistema economico prodotte dall'intervento (dagli interventi) previsto nel piano/progetto. Fra questi si possono citare le variazioni di valore degli immobili o le variazioni di produzione delle attività economiche a seguito di aumenti/diminuzioni di accessibilità relativa (es. se aumenta la raggiungibilità di un esercizio commerciale presumibilmente aumenteranno anche le vendite).

Tra gli **impatti territoriali** vi sono le variazioni di uso degli immobili (es. da residenziali a commerciali) o più in generale la rilocalizzazione di residenze e attività economiche (variazioni di lungo periodo) indotte dalle variazioni di accessibilità prodotte dal piano/progetto.

Gli **impatti sociali** rappresentano le variazioni introdotte dagli interventi previsti sulle relazioni tra cittadini, famiglie, comunità locali, enti governativi, ecc.. Tra i principali effetti che andrebbero valutati vi sono gli effetti sociali dell'incidentalità, le variazioni di emissioni di inquinanti nocivi per la salute umana, le variazioni di equità sociale (es. variazioni di reddito/ricchezza, variazioni di accessibilità alle attività sociali come scuole, uffici pubblici, parchi, ecc.).

Infine, gli **impatti ambientali** possono essere definiti come gli effetti del piano/progetto sull'eco-sistema (es. variazioni nell'equilibrio ecologico di piante ed animali) e sull'inquinamento atmosferico (es. effetto serra).

A seconda della tipologia di intervento (interventi) previsto è chiaro che alcuni degli impatti precedentemente descritti possono essere del tutto, o in parte, assenti ovvero le loro variazioni possono essere ritenute trascurabili.

Tutti i possibili impatti di interventi su di un sistema di trasporto vanno poi stimati tramite opportuni **indicatori di prestazione** o misure di efficacia (*MOE - Measure Of Effectiveness*). Alcuni di queste saranno sicuramente misure quantitative, come il tempo risparmiato o le tonnellate di CO_2 emesse, mentre altre saranno intrinsecamente qualitative (es. intrusione nel paesaggio, qualità estetica di una infrastruttura) e potranno quindi essere valutate solo nella loro intensità e direzione attraverso indicatori qualitativi (es. aumenta poco/molto, diminuisce poco/molto).

Gli indicatori di prestazione vanno calcolati con riferimento ai diversi sotto-periodi significativi di funzionamento del sistema. In generale, si fa riferimento al **periodo di analisi**, ovvero all'orizzonte temporale rispetto al quale si desidera stimare/simulare gli effetti prodotti dal piano/progetto sulle componenti del sistema di trasporto. Le previsioni in merito all'andamento futuro del progetto dovrebbero essere formulate per un periodo commisurato, ma non superiore, alla sua **vita utile economica** (ovvero alla durata di validità prevista per l'opera che, nel caso di progetti infrastrutturali, coincide con l'ampiezza temporale per la quale si può ritenere che non siano necessari significativi interventi di manutenzione straordinaria) ed estendersi per un arco temporale sufficientemente lungo da poterne ritenere che tutti i costi ed i principali benefici di medio-lungo periodo siano stati considerati. La scelta dell'orizzonte temporale (discussa nel dettaglio in seguito) può influire in modo determinante sui risultati del processo di valutazione e quindi va ritenuta una delle attività centrali dell'analisi.

I principali metodi utilizzati per la valutazione e il confronto di soluzioni progettuali per i sistemi di trasporto sono riconducibili essenzialmente a due tipologie[4], descritte nel seguito: l'analisi costi-

---

[4] per ulteriori approfondimenti teorici ed analitici sulle analisi economico-finanziarie per interventi/servizi sui sistemi di trasporto, si faccia anche riferimento al testo: Cascetta E. (2006), Modelli per i sistemi di trasporto – Teoria e applicazioni, UTET.

ricavi, come valutazione finanziaria, e l'analisi costi-benefici, come valutazione economica. Parallelamente, nella pratica professionale, vengono talvolta impiegate le analisi di tipo Multi-criteri, che però esulano dagli obiettivi del testo e per le quali si rimanda alla letteratura di settore.

È da precisare che l'obiettivo di questo testo non è quello di fornire una descrizione esaustiva delle metodologie costi-ricavi e costi-benefici, ma è quello di fornire al lettore un utile e pratico strumento (delle linee guida tecniche) di immediata applicazione professionale per le analisi e le valutazioni riguardanti i sistemi di trasporto.

3.1 Le attività preliminari

3.1.1 La definizione del periodo di analisi

Il periodo di analisi (talvolta noto anche come orizzonte temporale di riferimento) rappresenta il numero di anni per i quali occorre stimare gli impatti dell'opera. Le previsioni in merito all'andamento futuro degli effetti di un progetto dovrebbero essere formulate per un periodo commisurato alla sua vita utile economica (ma non superiore) ed estendersi per un arco temporale sufficientemente lungo da poter ritenere che tutti i costi ed i principali benefici di medio-lungo periodo siano stati considerati. La scelta dell'orizzonte temporale può influire in modo determinante sui risultati del processo di valutazione e quindi la sua scelta risulta una delle attività centrali dell'analisi.

Il problema riguarda trovare il giusto compromesso tra un orizzonte temporale breve (es. 5 anni), per il quale l'affidabilità delle stime (es. previsioni di traffico) sarebbe elevato, ed un orizzonte temporale elevato (es. 100 anni), per il quale la qualità delle stime e l'attendibilità dei parametri finanziari (es. tasso di sconto) non risulterebbero più credibili.

Come sintetizzato nella Tabella 1, la Comunità Europea suggerisce periodi di analisi differenti in funzione della tipologia di infrastruttura di trasporto.

18

Settore	Periodo di analisi (anni)
Ferrovie	30
Strade	25-30
Porti e aeroporti	25
Trasporto urbano	25-30

Tabella 1 - Periodi di analisi in funzione della tipologia di infrastruttura (fonte: Regolamento delegato n. 480/2014 della Commissione Europea)

3.1.2 Le alternative progettuali da confrontare e la definizione dell'area di studio

Attività preliminare alle analisi economiche e finanziarie, è quella della definizione delle alternative Progettuali (P) da confrontare rispetto allo scenario tendenziale di Non Progetto (NP).

Al fine di meglio comprendere la metodologia proposta nel presente testo, si rimanda al Capitolo 5 relativo alla riqualificazione della linea ferroviaria Formia-Gaeta, nel quale si riportano tutti i dettagli applicativi nonché la descrizione dettagliata dell'alternativa progettuale.

Oltre alla definizione delle alternative progettuali, altra importante attività preliminare riguarda la definizione dell'area di studio, ovvero l'area all'interno della quale si ritiene che si esauriscano gli effetti degli interventi progettati/pianificati. Non esiste una regola unica per la sua individuazione. In genere, un criterio è quello di definire la rilevanza dell'opera da realizzare. Per **opere di rilevanza nazionale** è opportuno che l'area di studio includa tutto il territorio nazionale e, ove necessario, anche macroregioni Europee e/o del Mediterraneo. Per le **opere di rilevanza locale/sub-nazionale** è opportuno che l'area di studio includa comuni/regioni/aggregati di regioni in ragione dell'estensione e dell'importanza dell'opera da realizzare nonché delle interazioni con la rete multimodale locale/subnazionale con cui il progetto si prevede che impatterà. Ad esempio per la realizzazione di un nuovo asse autostradale nazionale, l'area di studio dovrà comprendere almeno la regione (o le regioni) all'interno della quale ricade l'asse stradale nonché quelle direttamente confinanti, per poi valutare se estenderla anche a porzioni territoriali più estese (es. centro-nord Italia).

3.1.3 Le stime attuali e tendenziali della domanda di mobilità

L'analisi, la progettazione ed il confronto di interventi su di un sistema di trasporto richiede che venga stimata la domanda di mobilità (stime di traffico) con riferimento a differenti scenari di analisi (es. attuale e di progetto) tenendo esplicitamente in conto di tutti gli interventi (anche quelli invarianti, ovvero già decisi e/o in corso di realizzazione) sul sistema di trasporto. I metodi comunemente utilizzati per le stime di traffico sono sostanzialmente di due tipologie[5]:

1. stime dirette;
2. stima tramite modelli matematici.

Attraverso specifici conteggi di traffico e/o indagini di mobilità (da progettare opportunamente caso per caso), la **stima diretta** permette di valutare la domanda di mobilità che interessa l'area territoriale oggetto di analisi. Tale metodologia di stima permette di ottenere stime di traffico sia aggregate (es. veicoli/anno su di una infrastruttura) che disaggregate, arrivando a quantificare i traffici attuali di passeggeri e/o merci in termini di numero medio di spostamenti in prefissati periodi di analisi e suddivisi per origine, destinazione, motivo, modo di trasporto e tipologia di veicolo utilizzato (es. auto, veicoli merci leggeri, veicoli merci pesanti, bus, metro, bici). Tale metodo di stima, permettendo di quantificare solamente i traffici (flussi) passeggeri e/o merci attuali (si pensi ad una "fotografia" della situazione attuale), presenta una intrinseca limitata capacità previsionale e quindi può essere impiegata per valutare gli effetti (in genere di breve o al più di medio periodo) di interventi per i quali non si ritiene che vi siano significative variazioni nel livello di domanda (numero di spostamenti nell'orizzonte temporale di analisi) o nella sua distribuzione temporale e spaziale (da quali origini verso quali destinazioni sono diretti gli spostamenti nelle fasce orarie di analisi), e nella ripartizione modale

---

[5] per approfondimenti teorici ed analitici si faccia riferimento ad esempio al testo: Cascetta E. (2006), Modelli per i sistemi di trasporto – Teoria e applicazioni, UTET.

(quali modi/veicoli di trasporto vengono utilizzati). Esempi di interventi per i quali può essere adoperata una stima diretta della domanda sono: la progettazione dei sensi di marcia di un quartiere/di una città; la progettazione del/dei piano/i semaforico/i di un'area territoriale; la stima degli effetti di un ammodernamento/riqualificazione di una infrastruttura stradale urbana/extraurbana/autostradale (a patto che questo intervento non modifichi significativamente l'offerta di trasporto stradale del territorio analizzato); una riprogettazione di parte (limitata) degli orari o dei percorsi delle linee di trasporto collettivo su gomma/ferro (anche in questo caso a patto di non creare delle modifiche tali per cui ci si aspetta una variazione del livello e della distribuzione della domanda complessiva).

Quando non è possibile adoperare una stima diretta della domanda, si utilizzano le **stime da modello**[6]. Un modello di domanda di trasporto può essere definito come una relazione matematica che consente di associare ad un dato sistema di offerta di trasporto *TRA* (es. tempi e costi di viaggio) e di attività del territorio *ATT* (es. numero e localizzazione della popolazione o delle attività produttive) il valore medio del flusso di domanda passeggeri o merci (in un vettore di domanda **d**) con specifiche caratteristiche dello spostamento (motivo, modo di trasporto) e con riferimento ad uno o più periodi di analisi (es. ore di punta e morbida della giornata, ovvero flussi giornalieri o annuali):

$$\mathbf{d} = \mathbf{d}(TRA, ATT, \boldsymbol{\beta})$$

dove $\boldsymbol{\beta}$ è un vettore di parametri del modello che va opportunamente stimato/calibrato (tramite specifiche indagini di mobilità) e che permette sia di "pesare" che di omogenizzare (perché in unità di misura differenti) gli attributi *TRA* e *ATT*.

I modelli di domanda a loro volta possono essere sia **comportamentali** che non comportamentali (talvolta noti anche come "descrittivi"). I primi sono finalizzati a riprodurre le scelte/i comportamenti (osservate/i) di mobilità, a partire da specifiche ipotesi sul

---

[6] La trattazione esaustiva della stima da modello della domanda esula dagli obiettivi di questo testo. Per approfondimenti si rimanda a testi specialistici.

comportamento degli utenti. I campi di applicazione di questi modelli sono quelli in cui vi è una "reale scelta" come, ad esempio, quella del modo di trasporto da utilizzare per uno spostamento (tra quelli disponibili) o la destinazione nella quale recarsi per fare shopping, ovvero l'orario di partenza per un viaggio di piacere.

I **modelli non comportamentali**, invece, hanno come obiettivo quello di mettere in relazione (es. tramite diretta o inversa proporzionalità) la domanda di mobilità con gli attributi sia di trasporto che del sistema delle attività che meglio riescono a "spiegarla" (es. da un punto di vista statistico), senza alcuna ipotesi sul comportamento degli utenti. Questi modelli sono applicati in contesti nei quali non vi è una reale scelta (es. per riprodurre la distribuzione degli spostamenti sistematici casa-lavoro/scuola).

Come esempio di metodi e modelli di stima della domanda di mobilità, si faccia riferimento ai risultati descritti nel Paragrafo 5.4 relativo all'analisi costi-benefici della linea ferroviaria Formia-Gaeta.

L'attività di stima della domanda rappresenta forse l'attività più delicata delle valutazioni di alternative progettuali a causa dell'alto grado di influenza che ha sui risultati delle analisi. Tale attività è inoltre spesso soggetta alla cosiddetta *"planning fallacy"*, ovvero quella sindrome secondo cui i tecnici della pianificazione tendono a sovrastimare gli effetti (positivi) di un progetto al fine di legittimarne la scelta. Per ovviare a ciò è opportuno introdurre **ipotesi cautelative** nei metodi e modelli di quantificazione della domanda al fine di pervenire a delle **stime il più possibile prudenziali**.

Un metodo per giungere a stime il più possibili oggettive e quindi difendibili sarebbe quello di utilizzare strumenti, metodi e parametri sviluppati da terze parti e riconosciuti come dei riferimenti per il settore della pianificazione dei trasporti. Esempi sono i parametri unitari e le stime dalla Commissione Europea, o dall'ISTAT, ovvero le previsioni di domanda desunte dal Sistema Informativo per il Monitoraggio e la Pianificazione dei Trasporti (SIMPT) sviluppato dal Ministero delle Infrastrutture e dei Trasporti.

In genere, le stime di traffico da implementare vanno anche riferite a specifici scenari temporali (es. anni di riferimento) per i quali si prevede vi siano modifiche significative nell'offerta o nella domanda di mobilità (es. entrata in esercizio di nuove infrastrutture, nuovi servizi o nuove aree residenziali). In tutti i casi, al fine di giungere ad una stima congrua ed accurata della domanda di mobilità, è opportuno stimare:

- **la domanda tendenziale**, ovvero come la domanda evolverebbe nello scenario di non intervento (o non progetto - NP), per tutti gli altri anni di analisi;
- **la domanda deviata (diversione modale)**, ove presente, da altre modalità di trasporto conseguente alla realizzazione del progetto;
- **la domanda indotta (generata)**, se prevista, ovvero quegli utenti del sistema che nello scenario tendenziale (NP) non si sarebbero spostati ma che, a valle della realizzazione del progetto (es. una nuova infrastruttura o servizio), deciderebbero di farlo.

Il livello totale di domanda tendenziale di NP può ovviamente essere sia maggiore che minore di quello attuale (es. si prevede che la popolazione di una città crescerà ed è quindi presumibile che crescerà anche il numero di spostamenti che interessano l'area territoriale oggetto di analisi). Per contro, la domanda deviata altererà il totale degli spostamenti riferiti ai singoli modi di trasporto ma non il livello complessivo della domanda che invece resterà invariato e pari a quello della domanda tendenziale (es. una nuova metropolitana catturerà spostamenti dall'auto ma il livello di domanda complessivo resterà lo stesso). Infine, la domanda indotta, rappresentando una nuova (oggi inespressa) domanda di mobilità, modificherà sia il livello di domanda modale che quello complessivo dell'area territoriale oggetto di analisi.

Gli output delle stime di traffico (previsioni di domanda) da utilizzare nelle analisi economico-finanziarie sono le variazioni annuali (tra uno scenario programmatico di Non Progetto NP ed uno o più scenari di progetto P) dei veicoli*km e/o dei veicoli*ora (passeggeri*km e/o passeggeri*ora; tonnellate di merci*km e/o tonnellate di merci *ora) sulle infrastrutture della rete oggetto di analisi (suddivise in genere per categoria veicolare e per tipologia di infrastruttura; ad esempio per le strade: autostrade, tangenziali, strade extraurbane e strade urbane) per tutta la durata del periodo di analisi (es. 30 anni dal completamento dell'opera). Esistono però anche casi applicativi più di dettaglio (es. una nuova stazione di metropolitana) per i quali occorre

stimare indicatori di traffico più disaggregati (es. variazioni di veico-
li/spostamenti al giorno, variazioni di percorrenze medie degli
spostamenti).

3.1.3.1 La stima del trend della composizione percentuale del parco veicolare

Come si comprenderà meglio nei sotto-paragrafi seguenti, per
un'accurata analisi finanziaria o economica, occorre stimare anche
l'andamento della composizione del parco veicolare per tutta la durata
dell'intervallo di analisi, perché, ad esempio, una stessa riduzione di
veicoli*km avrà impatti differenti a seconda se questa riguarderà, veicoli EURO 0 (maggiori benefici) ovvero veicoli EURO 6 (minori
benefici). In genere è buona prassi far riferimento ai trend storici della
composizione del parco veicolare per l'area di studio oggetto di analisi forniti dall'ACI (e facilmente reperibili dal sito ufficiale) suddivisi
per singola provincia/regione italiana e categoria veicolare. Evidenze
sperimentali mostrano che, per la stima dei trend futuri, una delle
equazioni che meglio riesce ad approssimare i dati storici e stimare
quindi quelli futuri è la funzione esponenziale $y=a \cdot exp(b \cdot x)$ con i parametri a e b che vanno calibrati per ciascuna categoria veicolare e
classe EURO rappresentativa dell'area di studio.

A partire dai dati ACI relativi alla composizione dell'intero parco
veicolare italiano nel periodo 2000-2015, è stato stimato il trend futuro sia della composizione del parco veicolare delle automobili che
quello dei veicoli merci (leggeri e pesanti). Nelle successive tabelle e
figure, si riportano i principali risultati delle stime utili per le pratiche
applicazioni professionali.

% Auto		2016	2026	2036	2046
Classe EURO	0	10%	-	-	-
	1	3%	1%	-	-
	2	12%	3%	-	-
	3	17%	6%	-	-
	4	31%	17%	4%	-
	5	20%	16%	6%	-
	6 e superiore[7]	7%	57%	90%	100%
	TOTALE	100%	100%	100%	100%

Tabella 2 – Stima del trend della composizione percentuale del parco Auto per classe EURO di emissione (fonte: elaborazioni su dati ACI, 2000-2015)

% Veicoli merci[8]		2016	2026	2036	2046
Classe EURO	0	18%	2%	-	-
	1	7%	4%	-	-
	2	15%	7%	5%	-
	3	21%	15%	11%	-
	4	22%	24%	27%	29%
	5	13%	15%	18%	18%
	6 e sup.	4%	33%	39%	53%
	TOTALE	100%	100%	100%	100%

Tabella 3 – Stima del trend della composizione percentuale del parco veicoli merci per classe EURO di emissione (fonte: elaborazioni su dati ACI, 2000-2015)

---

[7] In questa categoria vanno considerate anche le future classi veicolari che dovessero nel corso dei prossimi decenni sostituire concretamente la classe EURO6. In questa categoria vanno incluse quindi non solo eventuali nuove limitazioni normative sulle emissioni (che ad oggi appaiono improbabili), ma anche nuove tecnologie che dovessero sostituire concretamente (a prezzi concorrenziali) l'alimentazione a combustione interna tradizionale (es. ibridi, idrogeno, elettrico)

[8] Per veicoli merci si intende la somma dei veicoli merci leggeri e pesanti.

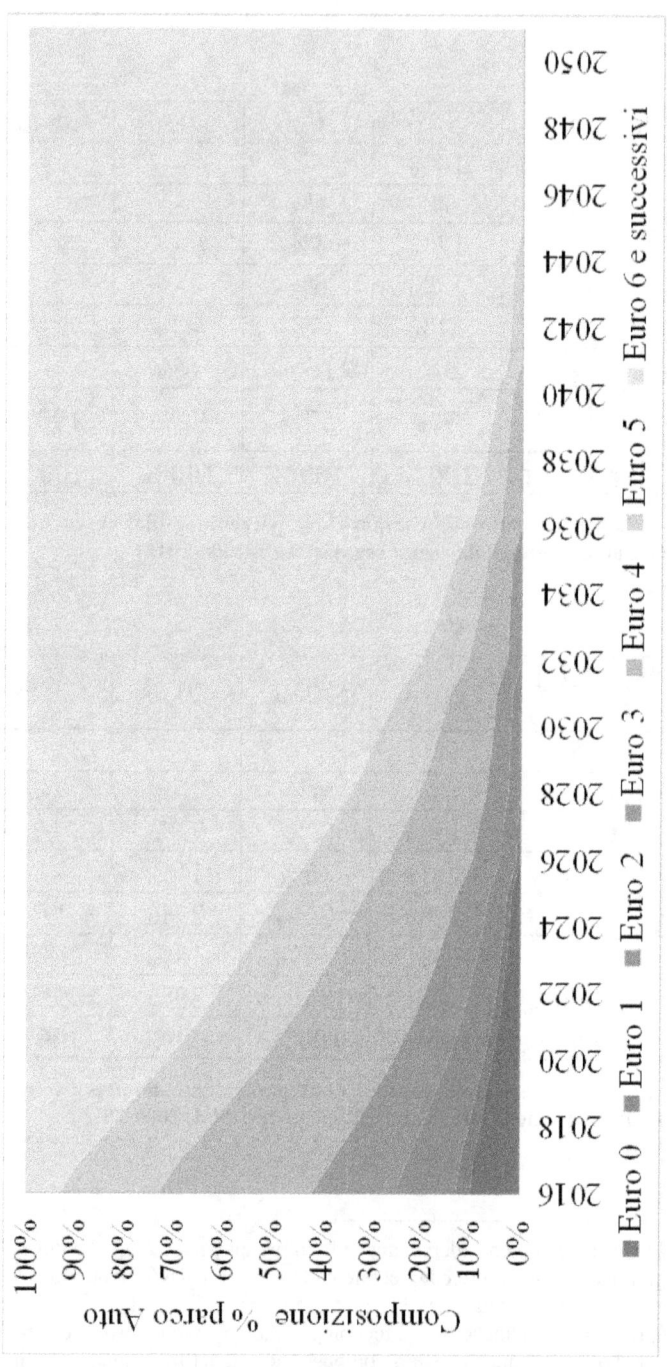

Figura 2 – Stima del trend della composizione percentuale del parco Auto per classe EURO di emissione (fonte: elaborazioni su dati ACI, 2000-2015)

3.1.3.2 La stima del trend delle percorrenze medie annue del parco veicolare

Oltre alla stima dell'evoluzione del parco veicolare per classe EURO di emissione, a seconda dell'intervento oggetto di valutazione (es. una nuova autostrada) sarebbe utile, per meglio prevedere gli impatti futuri, considerare anche i trend delle percorrenze medie per classe EURO, ritenendo che i veicoli più "anziani" (es. EURO 0) generalmente percorrono meno km/anno soprattutto su strade ad elevata velocità (es. autostrade). Evidenze sperimentali (es. Caserini, 2011) mostrano che una delle equazioni che meglio riesce ad approssimare i dati storici e stimare quindi quelli futuri è la funzione potenza $y = a \cdot x^2 + b \cdot x + c$ con parametri a, b, c che vanno calibrati per ciascuna categoria veicolare e classe EURO rappresentativa dell'area di studio.

A partire dai dati ACI relativi alla composizione dell'intero parco veicolare italiano nel periodo 2000-2015, nonché le stime dei veicoli*km medi annui (per il periodo 1990-2014) per classe EURO di emissione dell'Istituto Superiore per la Protezione e la Ricerca Ambientale - ISPRA (2015), è stato possibile stimare il trend futuro delle percorrenze medie annue per le singole categorie veicolari. Per fare ciò si è ipotizzato che la percorrenza media annua per tutte le categorie veicolari resti all'incirca costante nel tempo (come osservato da ISPRA (2005) nel periodo 1990 – 2004) e pari a:

- **circa 11 mila km/anno per le auto** (fonte: Osservatorio sulla mobilità sostenibile dell'AIRP, 2016);
- **circa 20 mila km/anno per i veicoli merci leggeri** (fonte: elaborazione su dati ACI, 2015 e ISPRA, 2015);
- **circa 120 mila km/anno per i veicoli merci pesanti** (fonte: Ministero delle Infrastrutture e dei Trasporti, 2015).

Ovviamente, qualora si ritenesse che la percorrenza media annua possa variare (diminuire/aumentare) a partire da un certo anno, è possibile comunque utilizzare i risultati delle stime riportate nelle tabelle seguenti decurtandoli/aumentandoli della percentuale che si stima possa variare la percorrenza media annua (es. a valle di modifiche strutturali dell'offerta di trasporto potrebbero cambiare le abitudini di mobilità di una certa popolazione riducendone i km/anno percorsi in auto).

Consenso pubblico ed analisi economico-finanziaria nel "progetto di fattibilità" Linee guida ed applicazione al progetto della Linea ferroviaria Formia-Gaeta

km/anno		2016	2026	2036	2046
Classe EURO	0	1.777	-	-	-
	1	3.249	960	-	-
	2	4.654	1.937	-	-
	3	9.173	2.833	-	-
	4	13.861	6.766	1.472	-
	5	14.569	11.000	4.762	-
	6 e superiore	17.371	13.200	11.630	10.800

Tabella 4- Stima del trend delle percorrenze medie annue delle auto per classe EURO di emissione (fonte: elaborazione su dati ACI, 2000-2015 e ISPRA, 2015)

km/anno		2016	2026	2036	2046
Classe EURO	0	4.950	2.000	-	-
	1	7.920	2.478	-	-
	2	14.548	7.000	4.000	-
	3	19.000	8.313	6.667	-
	4	28.726	17.465	14.667	12.418
	5	30.193	28.394	24.000	20.189
	6 e superiore	36.000	30.000	26.000	24.062

Tabella 5 – Stima del trend delle percorrenze medie annue dei veicoli merci leggeri per classe EURO di emissione (fonte: elaborazione su dati ACI, 2000-2015 e ISPRA, 2015)

km/anno		2016	2026	2036	2046
Classe EURO	0	32.480	13.535	-	-
	1	59.077	20.354	-	-
	2	85.000	52.600	29.581	-
	3	120.000	80.000	55.200	-
	4	160.254	100.120	81.890	70.100
	5	180.000	157.936	129.567	110.987
	6 e superiore	200.115	170.000	162.354	150.000

Tabella 6 – Stima del trend delle percorrenze medie annue dei veicoli merci pesanti per classe EURO di emissione (fonte: elaborazione su dati ACI, 2000-2015 e ISPRA, 2015)

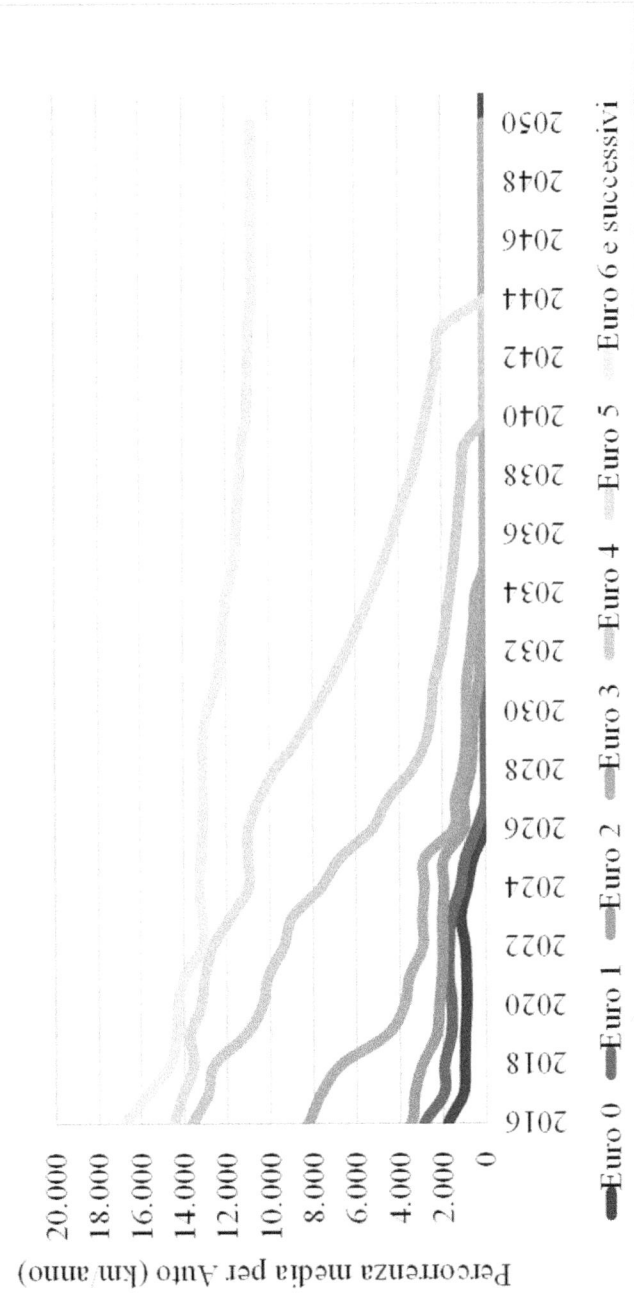

Figura 3 – Stima del trend delle percorrenze medie annue delle auto per classe EURO di emissione (fonte: elaborazione su dati ACI, 2000-2015 e ISPRA, 2015)

3.1.4 Il tasso di sconto o di attualizzazione

Uno degli aspetti cruciali delle analisi finanziarie ed economiche è quello di confrontare benefici e costi relativi ad anni differenti. Tale problema viene risolto attraverso il **fattore (o tasso) di attualizzazione (o di sconto) 1/(1+r)**, ovvero il coefficiente (minore di 1) di attualizzazione (o di anticipazione o di sconto) di una somma (beneficio o costo) che ne permette di stimare il valore monetario "indietro" nel tempo. A partire da questo fattore di attualizzazione, è possibile valutare una somma M (beneficio o costo) disponibile all'anno $t+1$ (es. un costo che si verifica all'anno $t+1$) quanto varrebbe l'anno precedente t:

$$M^t = \frac{M^{t+1}}{(1+r)}$$

ovvero due anni prima:

$$M^{t-1} = \frac{M^t}{(1+r)} = \frac{M^{t+1}}{(1+r)^2}$$

Più in generale, fissato come anno di riferimento ad esempio quello attuale (anno 0), è possibile stimare il valore attuale M_o di una somma M^t spesa o incassata fra t anni tramite la relazione:

$$M_o = \frac{M^t}{(1+r)^t}$$

Il tasso r può essere definito come un interesse, ovvero l'incremento percentuale di valore di una somma M dopo un anno:

$$r = \frac{M^{t+1} - M^t}{M^t}$$

Quasi sempre, per le analisi economico-finanziarie riguardanti il settore dei trasporti, il tasso di interesse r viene chiamato, in maniera non del tutto rigorosa, tasso di sconto, intendendo per "sconto" il fine dell'operazione finanziaria, ovvero l'attualizzazione (lo sconto) di una somma. Coerentemente con questa prassi, nel seguito del testo si farà spesso riferimento ad *r* come al tasso di sconto, ricordando che è al fattore di attualizzazione *1/(1+r)* che ci si riferisce nello specifico.

In matematica finanziaria, infatti, il tasso di sconto è sostanzialmente differente dal tasso di interesse. Il primo si applica quando si vuole conoscere il valore attuale di un somma futura (es. flussi di cassa); il tasso d'interesse si applica invece quando, a partire da una somma attuale, si vuole conoscere il montante futuro (es. la redditività di un investimento dopo *t* anni). A titolo di esempio, si consideri di avere una somma $M_0 = 80$ con la quale acquistare un bond che rimborsa $M_1 = 100$ dopo un anno. Il tasso di sconto *s* rappresenta lo sconto sul capitale futuro di 100:

$$s = (100 - 80)/100 = 20\%;$$

Il tasso di interesse *r*, al contrario, è calcolato come variazione % del capitale dopo un anno rispetto al valore attuale:

$$r = (100 - 80)/80 = 25\%;$$

Si noti che il tasso d'interesse *r* è sempre maggiore del tasso di sconto *s* e che dall'uno si può sempre determinare l'altro tramite la relazione:

$$r = s/(1+s)$$

Il tasso *r* viene in genere fissato da organi internazionali o dalle singole banche centrali dei Paesi attraverso metodologie più o meno complesse (che esulano dagli obiettivi di questo testo). Per il contesto italiano non esiste un valore standard fissato a priori. La Guida NUVV (2003), suggeriva nei primi anni 2000 un tasso del 5%. Lo stesso valore veniva suggerito come benchmark internazionale nella prima versione della Guida all'Analisi Costi-Benefici dell'EU. Tale valore è stato rivisto al ribasso nel corso del tempo, pari prima al 3,5% (Guida all'Analisi Costi-Benefici dell'EU DG Regio, 2008) e più <u>recentemente al 3%</u> (Commissione Europea, Regolamento di esecuzione (UE) n. 207/2015), per le aree ad esempio che non hanno accesso ai Fondi di Coesione. Quest'ultimo valore (3%) è quello che è

31

stato utilizzato nell'esempio della linea Formia-Gaeta descritto nel seguito del testo.

3.1.5 Gli indicatori di prestazione

Una volta definiti e quantificati (in termini monetari) gli effetti rilevanti per l'analisi (descritti in dettaglio nel seguito), i diversi progetti alternativi sono confrontati utilizzando degli opportuni indicatori di prestazione o misure di efficacia (MOE - Measure Of Effectiveness). Tra questi i più utilizzati sono:

Valore Attuale Netto (VAN) che riporta all'anno iniziale i diversi effetti relativi al progetto *i*, calcolati per il periodo di analisi *T* come:

$$VAN_i(r) = \sum_{t=0}^{T} \left(\frac{\sum_j B_j^t - \sum_j C_j^t}{(1+r)^t} \right)$$

Saggio di Rendimento Interno (SRI) o *Tasso (Saggio) Interno di Rendimento (TIR o SIRE)* (IRR, dall'acronimo inglese Internal Rate of Return) definito come il valore del tasso di sconto r_o che annulla il *VAN* calcolato in un periodo di *T* anni relativo al progetto *i*:

$$SRI_i = r_o; \quad VAN_i(r_o) = 0$$

Rapporto benefici / costi (B_i/C_i) definito come il rapporto in valore assoluto tra i benefici ed i costi attualizzati all'anno iniziale:

$$B_i / C_i = \sum_{t=0}^{T} \left| \frac{\sum_j B_j^t}{(1+r)^t} \right| \Bigg/ \sum_{t=0}^{T} \left| \frac{\sum_j C_j^t}{(1+r)^t} \right|$$

PayBack Period (PBP_i) attualizzato, ovvero il numero minimo di anni T_{min} oltre il quale si verifica un VAN positivo (vi è il ritorno dell'investimento):

$$PBP_i = T_{min}; \quad VAN_i(r) > 0$$

Il valore attuale netto VAN è la somma algebrica di tutti i flussi di cassa attualizzati generati dal progetto. Il flusso di cassa riferito ad un anno t (o cash flow) è la differenza tra tutte le entrate B_j e le uscite monetarie o monetizzabili C_j relative a quell'anno (es. benefici - costi o ricavi - costi) di un progetto. Il VAN esprime la ricchezza incrementale creata o distrutta dal progetto, in unità monetarie. Se il VAN è positivo c'è quindi creazione di valore, al contrario se è negativo.

Nelle analisi finanziarie i flussi di cassa rappresentano solo i ricavi B_j (con segno positivo) ed i costi C_j (con segno negativo) monetari (es. ricavi da traffico e costi di costruzione e gestione)

Per le analisi economiche, invece, i flussi di cassa rappresentano tutti i benefici B_j (monetari o monetizzabili) ed i costi C_j ritenuti utili per valutare gli impatti di un progetto.

Definito per conto di quale soggetto viene svolta l'analisi (es. collettività nel suo complesso o una singola amministrazione comunale), è possibile valutare le principali tipologie di variabili che andranno tenute in conto nell'analisi. In maniera non esaustiva, andrebbe stimata:
- la differenza tra il costo di costruzione del Progetto e gli eventuali costi di costruzione e manutenzione straordinaria di Non Progetto (incluse le realizzazioni già decise da atri piani o progetti);
- la differenza fra costi di investimento in mezzi (veicoli o tecnologie) del Progetto e del Non Progetto;
- la differenza fra i costi di manutenzione ed esercizio del Progetto e quelli del Non Progetto;
- la differenza fra i ricavi della vendita dei servizi di trasporto nel Progetto e nel Non Progetto (questa voce è sempre presente nelle analisi finanziarie ma talvolta non viene considerata nelle analisi economiche, se riferite alla collettività nel suo complesso, perché espressione di un costo per gli utenti e di un ricavo per l'azienda);
- la differenza fra gli introiti per tasse e imposte conseguenti al Progetto e quelli del Non Progetto (anche in questo caso dipende da quale punto di vista viene svolta l'analisi; nel caso più generale quelli che sono costi per le aziende rappresentano ricavi per lo Stato e quindi tale impatto può non essere considerato);

- la variazione di surplus percepito dagli utenti del sistema di trasporto nel Progetto rispetto al Non Progetto espresso in unità monetarie. Questo è l'effetto trasportistico del progetto e, nel caso più generale, va valutato come somma delle variazioni di surplus percepito per i diversi utenti e i diversi motivi dello spostamento;

- le variazioni di benefici non percepiti dagli utenti fra il Progetto e il Non Progetto. In questi impatti possono rientrare le variazioni di costi dovuti ad eventuali voci non già considerate all'interno del calcolo del surplus quali, ad esempio, l'incidentalità, l'usura dei veicoli (es. lubrificanti, pneumatici, manutenzione, ecc.). È da precisare che questa variabile ha segno positivo se c'è una riduzione di tali costi;

- la variazione degli effetti per i non-utenti fra il Progetto e il Non Progetto. In questa variabile possono essere compresi gli impatti sull'ambiente (es. riduzione delle emissioni inquinanti monetizzate), sul sistema economico, sul sistema territoriale. Questa variabile è talvolta indicata come beneficio indiretto e ha segno positivo per un incremento di tali impatti (es. riduzione dell'inquinamento).

Con riferimento al *VAN*, il generico Progetto *i* è preferibile rispetto al Non Progetto *NP* se il suo *VAN* è positivo; inoltre il Progetto *i* è preferibile al Progetto *j* se $VAN_i > VAN_j$. La preferenza di un progetto P_i rispetto ad un altro P_j può dipendere significativamente dal tasso di sconto *r* utilizzato per il calcolo del *VAN* (Figura 4).

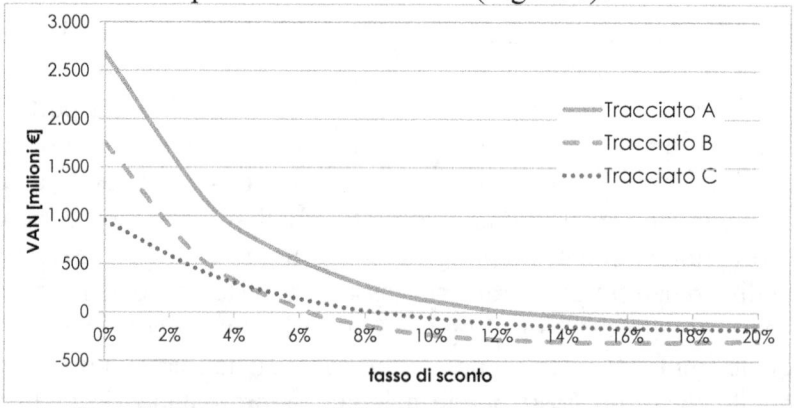

Figura 4 – Esempio di andamento del VAN in funzione del tasso *r* di sconto per differenti alternative progettuali

Il tasso di sconto "pesa" in maniera differente i benefici ed i costi nei diversi anni. In particolare, un tasso di sconto elevato penalizza i benefici "lontani" nel tempo ma avvantaggia rispetto ai costi che si verificano più avanti negli anni (nel senso che impattano come meno negativi).

Un Progetto i è invece preferibile al Non Progetto rispetto al Saggio di Rendimento Interno se il suo SRI è superiore al valore del tasso di sconto "sociale" preso a riferimento nell'analisi (es. 3%) ed è preferibile rispetto al progetto j se $SRI_i > SRI_j$.

Ovviamente può capitare che a fronte di un $VAN_i > VAN_j$ accada che $SRI_i < SRI_j$. In questo caso la scelta va fatta caso per caso analizzando le differenze assolute e percentuali tra i parametri stimati per i due progetti. Se ad esempio, il VAN_i fosse di poco maggiore del VAN_j (es. 500 M€ contro 450 M€), ma il SRI_i fosse molto minore di SRI_j (es. 4% contro 10%), sarebbe preferibile implementare il progetto j-esimo perché, a fronte di un VAN leggermente minore (minore redditività di 50 M€), si avrebbe un rischio su tale redditività molto minore. Questo perché se il tasso di sconto "sociale reale" (ovvero non quello ipotizzato nell'analisi pari al 3%, ma quello che nella pratica si verificherà negli anni, es. 4,5%) fosse nei fatti superiore a SRI_i, il progetto i-esimo risulterebbe addirittura non conveniente (VAN negativo), mentre quello j-esimo resterebbe sempre positivo (il VAN si annullerebbe per un $r = 10\%$).

Il rapporto benefici/costi attualizzati è un utile indicatore della convenienza di un investimento. Se questo è minore di 1, l'investimento è non conveniente (il VAN sarà negativo); quanto più è elevato (e maggiore di 1), tanto maggiore sarà la redditività dell'investimento.

Il concetto del PayBack Period (PBP) attualizzato è forse l'indicatore più semplice ed intuitivo poiché risponde alla domanda: *"fra quanto tempo recupererò dall'investimento?"*. Il PBP non è altro che il numero di periodi necessari affinché i flussi di cassa cumulati (benefici - costi o ricavi - costi) eguaglino l'investimento iniziale. In molti casi (soprattutto per investimenti privati) viene posto un limite temporale (*cutoff period*) entro il quale "si deve rientrare dall'investimento". In genere si ritiene che maggiore è il PBP, maggiore risulta il rischio insito di un investimento.

3.2 La valutazione finanziaria: l'analisi costi-ricavi

La valutazione finanziaria di un progetto consiste in una valutazione di redditività di un investimento per tutti i soggetti (privati e pubblici) coinvolti nel Progetto (P). Consiste nel considerare gli effetti monetari come variazioni rispetto allo stato di Non Progetto (NP). Precisamente si valuta un unico aggregato economico in cui i diversi impatti vengono sommati algebricamente, considerando con il segno positivo i ricavi (le voci in "entrata") e con il segno negativo i costi (le voci in "uscita"). I *benefici* sono composti dai ricavi conseguenti alla vendita del servizio di trasporto e dalle eventuali sovvenzioni e rimborsi. I *costi* sono i diversi costi finanziari connessi alla produzione del servizio, quali, ad esempio, il costo di costruzione, i costi per la manutenzione e l'esercizio, le imposte, le tasse.

In genere queste analisi vengono redatte nell'ottica aziendale per la quale vi è la massimizzazione del profitto. Gli impatti ambientali o sociali del progetto non vengono tenuti in conto in questa analisi.

L'analisi è condotta con riferimento ai prezzi di mercato (attuali e/o previsti); pertanto il risultato della valutazione è espresso in termini monetari e permette di valutare la convenienza di differenti soggetti a partecipare alla pianificazione dei trasporti. Questa analisi mira ad identificare l'alternativa progettuale P da preferirsi sulla base della massimizzazione dei ricavi netti. Il criterio comunemente usato nella valutazione di accettabilità di un progetto è la quantificazione del valore attualizzato dei ricavi netti derivanti dal progetto a confronto con quelli della situazione di Non Progetto.

L'analisi finanziaria si articola nelle seguenti fasi:

a) analisi dei flussi di cassa:
- *entrate*: fonti di investimento, vendite, prestiti;
- *uscite*: costi d'investimento, costi d'esercizio, interessi, rimborso prestiti, imposte;

b) sostenibilità finanziaria e calcolo degli indicatori finanziari (es. VAN e SRI).

Il Flusso di Cassa annuo (FdC) è rappresentato dalla differenza tra le entrate e le uscite finanziarie per ogni anno di costruzione e di esercizio dell'opera. Si riporta nella successiva Tabella 8 un esempio di flussi di cassa attualizzati (a prezzi 2016).

3.2.1 La stima dei costi

Tra i costi da considerare nelle analisi finanziarie vi sono i costi connessi alla produzione del servizio a prezzi di mercato; tra questi vi sono il costo di costruzione, i costi per la manutenzione e l'esercizio, le imposte, le tasse, ecc.. Poiché spesso l'orizzonte temporale di analisi (il periodo di valutazione) è inferiore alla vita economica del progetto (opera), si prevede un **valore residuo dell'investimento** per considerare i ricavi ed i costi del progetto oltre tale orizzonte temporale. Tale valore, rappresentando un'entrata del progetto, andrà incluso nel conto dei costi d'investimento con segno opposto (segno positivo) rispetto ai costi di costruzione, manutenzione e gestione. Tale valore residuo dovrebbe includere il valore attualizzato di ogni entrata netta futura prevista dopo l'orizzonte temporale dell'analisi. In generale, il valore residuo di un progetto può essere calcolato secondo diverse metodologie[9]:

- considerando la differenza fra il costo iniziale dell'opera e la cumulata delle rate di ammortamento, determinate in base ai coefficienti contabili di degrado previsti per la tipologia di opera in questione;
- considerando il valore residuo finanziario a fine periodo di analisi, ovvero la liquidità di cassa giacente presso le banche;
- calcolando il valore attuale netto dei flussi di cassa attualizzati nei restanti anni di vita utile dell'opera in base alla sua capacità di generare reddito;
- moltiplicando i costi d'investimento totali del progetto per la percentuale della sua vita residua (es. 70 anni/100 anni = 0,7) al termine del periodo di analisi (es. 30 anni).

In alternativa, in via semplificata, si può fare riferimento alla prescrizione della Delibera CIPE n. 11/2004 che stima il valore residuo di un'opera come il 5-10% del costo complessivo dell'investimento. Tale percentuale rappresenta ovviamente una stima molto prudenziale (a vantaggio di sicurezza), risultando la vita utile residua quasi sempre molto superiore al 5-10% di quella totale.

---

[9] per ulteriori dettagli si faccia riferimento alle Linee guida emanate del Ministero delle Infrastrutture e dei Trasporti, nonché alle Linee guida per la redazione di studi di fattibilità della Regione Lombardia del 2014

3.2.2 La stima dei ricavi

Tra i ricavi da considerare nelle analisi finanziarie vi sono le entrate
finanziarie conseguenti alla vendita del servizio di trasporto (es. biglietti venduti) e da eventuali finanziamenti e rimborsi. La stima dei
primi è legata ai risultati delle stime di traffico e più precisamente alle
variazioni di traffico rispetto allo scenario di non intervento.

3.2.3 Gli indicatori di prestazione

Una volta stimati i flussi di cassa, i diversi progetti alternativi sono
confrontati utilizzando gli indicatori di prestazione descritti in precedenza. Di seguito si riportano, a titolo di esempio, i valori stimati nel
caso di una nuova infrastruttura autostradale per la quale si vogliano
valutare 3 ipotesi di tracciato. Come si può osservare l'ipotesi di tracciato B risulta quella più conveniente da un punto di vista finanziario
(maggiore redditività in 30 anni). È da notare che per il tracciato C si
ha un PayBack Period di soli 13 anni (il più basso tra le tre alternative); nonostante ciò, tale ipotesi progettuale non è da preferire alle
altre perché, a fronte di un più veloce rientro dell'investimento, si
stima una redditività molto inferiore alle altre (29 Mln€ di VAN contro i 378 Mln€ ed i 547 Mln€ per gli altri due tracciati) ed un SRI
troppo basso e pericolosamente vicino al tasso di sconto r del 3% utilizzato per le analisi (ciò comporta un elevato rischio perché, qualora
il tasso di sconto "reale" fosse proprio del 3,5% o superiore,
l'investimento sul tracciato C risulterebbe addirittura in perdita con un
VAN negativo).

Indicatore	Tracciato A	Tracciato B	Tracciato C
VAN [Mln €]	378	547	29
SRI	6,7%	6,1%	3,5%
B/C	1,8	1,5	1,0
PAYBACK [anni]	21	22	13

Tabella 7 - ESEMPIO NUMERICO: gli indicatori sintetici di valutazione economica

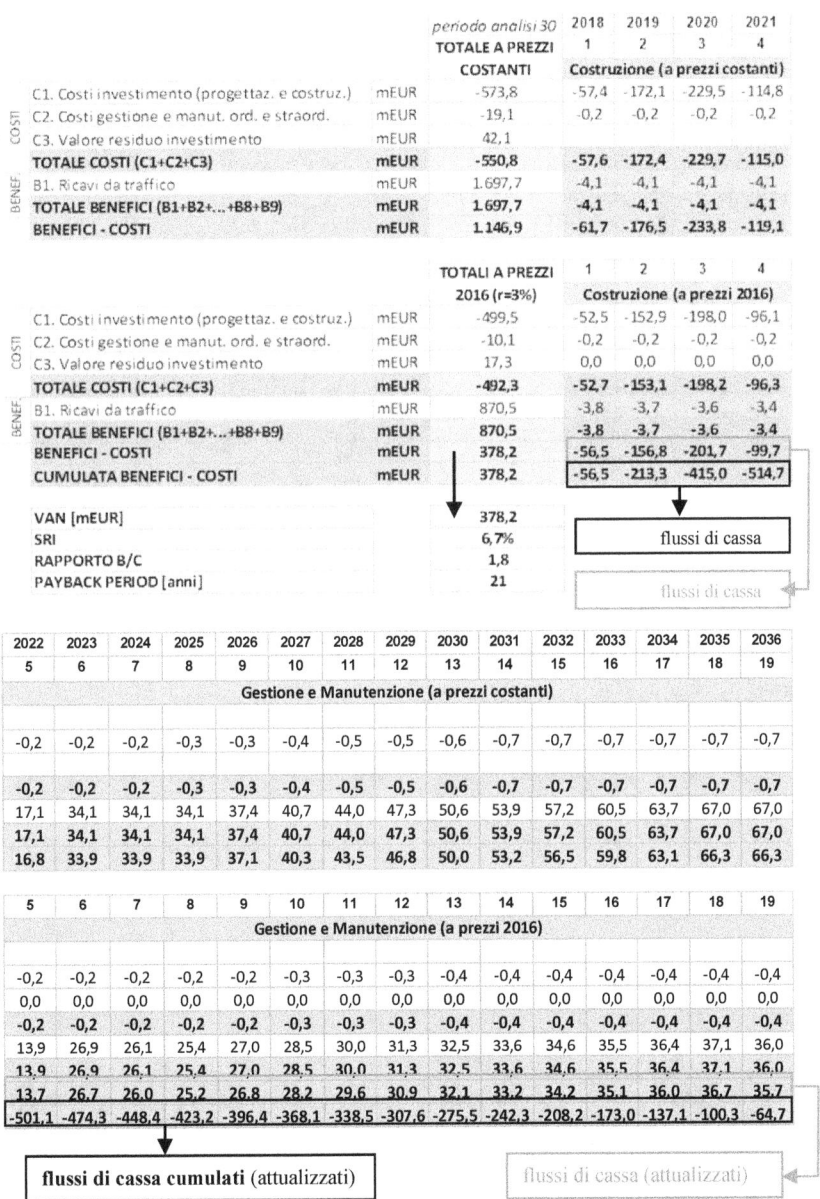

Tabella 8 - ESEMPIO NUMERICO: I risultati dell'analisi ricavi-costi per il tracciato A (parte 1/2)

Consenso pubblico ed analisi economico-finanziaria nel "progetto di fattibilità" Linee guida
ed applicazione al progetto della Linea ferroviaria Formia-Gaeta

2037	2038	2039	2040	2041	2042	2043	2044	2045	2046	2047	2048	2049	2050	2051
20	21	22	23	24	25	26	27	28	29	30	31	32	33	34
Gestione e Manutenzione (a prezzi costanti)														
-0,7	-0,7	-0,7	-0,7	-0,7	-0,7	-0,7	-0,7	-0,7	-0,7	-0,7	-0,7	-0,7	-0,7	-0,7
														42,1
-0,7	-0,7	-0,7	-0,7	-0,7	-0,7	-0,7	-0,7	-0,7	-0,7	-0,7	-0,7	-0,7	-0,7	41,3
67,0	67,0	67,0	67,0	67,0	67,0	67,0	67,0	67,0	67,0	67,0	67,0	67,0	67,0	67,0
67,0	67,0	67,0	67,0	67,0	67,0	67,0	67,0	67,0	67,0	67,0	67,0	67,0	67,0	67,0
66,3	66,3	66,3	66,3	66,3	66,3	66,3	66,3	66,3	66,3	66,3	66,3	66,3	66,3	108,4

20	21	22	23	24	25	26	27	28	29	30	31	32	33	34
Gestione e Manutenzione (a prezzi 2016)														
-0,4	-0,4	-0,4	-0,3	-0,3	-0,3	-0,3	-0,3	-0,3	-0,3	-0,3	-0,3	-0,3	-0,3	-0,2
0,0	0,0	0,0	0,0	0,0	0,0	0,0	0,0	0,0	0,0	0,0	0,0	0,0	0,0	17,3
-0,4	-0,4	-0,4	-0,3	-0,3	-0,3	-0,3	-0,3	-0,3	-0,3	-0,3	-0,3	-0,3	-0,3	17,1
35,0	34,0	33,0	32,0	31,1	30,2	29,3	28,4	27,6	26,8	26,0	25,3	24,5	23,8	23,1
35,0	34,0	33,0	32,0	31,1	30,2	29,3	28,4	27,6	26,8	26,0	25,3	24,5	23,8	23,1
34,6	33,6	32,6	31,7	30,7	29,9	29,0	28,1	27,3	26,5	25,8	25,0	24,3	23,6	40,2
-30,1	3,5	36,1	67,8	98,6	128,4	157,4	185,5	212,9	239,4	265,1	290,1	314,4	338,0	378,2

il primo anno in cui la cumulata dei flussi di cassa è positiva è il **PayBack Period**	**VAN**

Tabella 9 - ESEMPIO NUMERICO: I risultati dell'analisi ricavi-costi per il tracciato A (parte 2/2)

periodo analisi 30 anni		2018	2019	2020	2021	2022	2023
TOTALE A PREZZI COSTANTI		1	2	3	4	5	6
			Costruzione (a prezzi costanti)				
C1. Costi investimento (progettaz. e costruz.)	mEUR	-1.236,3		-123,6	-247,3	-370,9	-370,9	-123,6
C2. Costi gestione e manut. ord. e straord.	mEUR	-322,7	0,0	-6,8	-6,9	-7,1	-7,1	-7,2
C3. Valore residuo investimento	mEUR	100,9						
TOTALE COSTI (C1+C2+C3)	mEUR	-1.458,1	0,0	-130,4	-254,1	-377,9	-378,0	-130,9
B1. Ricavi da traffico	mEUR	3.261,7	0,0	0,0	0,0	0,0	0,0	0,0
TOTALE BENEFICI (B1+B2+...+B8+B9)	mEUR	3.261,7	0,0	0,0	0,0	0,0	0,0	0,0
BENEFICI - COSTI	mEUR	1.803,7	0,0	-130,4	-254,1	-377,9	-378,0	-130,9

		TOTALI A PREZZI 2016 (r=3%)	1	2	3	4	5	6
				Costruzione (a prezzi 2016)				
C1. Costi investimento (progettaz. e costruz.)	mEUR	-1.032,9		-109,8	-213,3	-310,6	-301,6	-97,6
C2. Costi gestione e manut. ord. e straord.	mEUR	-176,5	0,0	-6,0	-5,9	-5,9	-5,8	-5,7
C3. Valore residuo investimento	mEUR	41,6	0,0	0,0	0,0	0,0	0,0	0,0
TOTALE COSTI (C1+C2+C3)	mEUR	-1.167,8	0,0	-115,9	-219,2	-316,5	-307,4	-103,3
B1. Ricavi da traffico	mEUR	1.714,4	0,0	0,0	0,0	0,0	0,0	0,0
TOTALE BENEFICI (B1+B2+...+B8+B9)	mEUR	1.714,4	0,0	0,0	0,0	0,0	0,0	0,0
BENEFICI - COSTI	mEUR	546,6	0,0	-115,9	-219,2	-316,5	-307,4	-103,3
CUMULATA BENEFICI - COSTI	mEUR	546,6	0,0	-115,9	-335,1	-651,6	-959,0	-1.062,3

VAN [mEUR]	546,6
SRI	6,1%
RAPPORTO B/C	1,5
PAYBACK PERIOD [anni]	22

Tabella 10 - ESEMPIO NUMERICO: I risultati dell'analisi ricavi-costi per il Tracciato B (parte 1/2)

40

2024	2025	2026	2027	2028	2029	2030	2031	2032	2033	2034	2035	2036	2037
7	8	9	10	11	12	13	14	15	16	17	18	19	20
Gestione e Manutenzione (a prezzi costanti)													
-7,3	-7,5	-7,7	-7,7	-7,9	-8,0	-8,8	-9,2	-9,6	-9,9	-10,2	-10,9	-11,1	-11,3
-7,3	-7,5	-7,7	-7,7	-7,9	-8,0	-8,8	-9,2	-9,6	-9,9	-10,2	-10,9	-11,1	-11,3
108,6	108,6	109,7	110,7	111,7	112,7	113,7	114,8	115,8	116,8	117,8	118,9	118,9	118,9
108,6	108,6	109,7	110,7	111,7	112,7	113,7	114,8	115,8	116,8	117,8	118,9	118,9	118,9
101,3	101,1	102,0	102,9	103,8	104,7	105,0	105,6	106,2	106,9	107,6	108,0	107,8	107,6

7	8	9	10	11	12	13	14	15	16	17	18	19	20
Gestione e Manutenzione (a prezzi 2016)													
-5,6	-5,6	-5,5	-5,4	-5,4	-5,3	-5,6	-5,7	-5,8	-5,8	-5,8	-6,0	-5,9	-5,9
0,0	0,0	0,0	0,0	0,0	0,0	0,0	0,0	0,0	0,0	0,0	0,0	0,0	0,0
-5,6	-5,6	-5,5	-5,4	-5,4	-5,3	-5,6	-5,7	-5,8	-5,8	-5,8	-6,0	-5,9	-5,9
83,3	80,8	79,2	77,6	76,1	74,5	73,0	71,5	70,1	68,6	67,2	65,8	63,9	62,0
83,3	80,8	79,2	77,6	76,1	74,5	73,0	71,5	70,1	68,6	67,2	65,8	63,9	62,0
77,7	75,3	73,7	72,2	70,7	69,2	67,4	65,8	64,2	62,8	61,4	59,8	58,0	56,1
-984,6	-909,3	-835,7	-763,5	-692,8	-623,5	-556,1	-490,3	-426,1	-363,3	-301,9	-242,1	-184,2	-128,0

2038	2039	2040	2041	2042	2043	2044	2045	2046	2047	2048	2049	2050	2051
21	22	23	24	25	26	27	28	29	30	31	32	33	34
Gestione e Manutenzione (a prezzi costanti)													
-11,5	-11,5	-11,5	-11,5	-11,5	-11,5	-11,5	-11,5	-11,5	-11,5	-11,5	-11,5	-11,5	-11,5
													100,9
-11,5	-11,5	-11,5	-11,5	-11,5	-11,5	-11,5	-11,5	-11,5	-11,5	-11,5	-11,5	-11,5	89,5
118,9	118,9	118,9	118,9	118,9	118,9	118,9	118,9	118,9	118,9	118,9	118,9	118,9	118,9
118,9	118,9	118,9	118,9	118,9	118,9	118,9	118,9	118,9	118,9	118,9	118,9	118,9	118,9
107,4	107,4	107,4	107,4	107,4	107,4	107,4	107,4	107,4	107,4	107,4	107,4	107,4	208,3

21	22	23	24	25	26	27	28	29	30	31	32	33	34
Gestione e Manutenzione (a prezzi 2016)													
-5,8	-5,6	-5,5	-5,3	-5,2	-5,0	-4,9	-4,7	-4,6	-4,5	-4,3	-4,2	-4,1	-4,0
0,0	0,0	0,0	0,0	0,0	0,0	0,0	0,0	0,0	0,0	0,0	0,0	0,0	41,6
-5,8	-5,6	-5,5	-5,3	-5,2	-5,0	-4,9	-4,7	-4,6	-4,5	-4,3	-4,2	-4,1	37,6
60,2	58,5	56,8	55,1	53,5	52,0	50,4	49,0	47,5	46,2	44,8	43,5	42,2	41,0
60,2	58,5	56,8	55,1	53,5	52,0	50,4	49,0	47,5	46,2	44,8	43,5	42,2	41,0
54,4	52,8	51,3	49,8	48,3	46,9	45,6	44,2	43,0	41,7	40,5	39,3	38,2	78,6
-73,6	-20,8	30,5	80,3	128,6	175,6	221,1	265,4	308,3	350,0	390,5	429,8	468,0	546,6

Tabella 11 - ESEMPIO NUMERICO: I risultati dell'analisi ricavi-costi per il Tracciato B (parte 2/2)

41

Consenso pubblico ed analisi economico-finanziaria nel "progetto di fattibilità" Linee guida ed applicazione al progetto della Linea ferroviaria Formia-Gaeta

periodo analisi 30 anni		2018	2019	2020	2021	2022	2023	2024
TOTALE A PREZZI COSTANTI		**1**	**2**	**3**	**4**	**5**	**6**	**7**
				Costruzione (a prezzi costanti)				
C1. Costi investimento (progettaz. e costruz.)	mEUR	-1.401,3			-140,1	-280,3	-420,4	-420,4	-140,1
C2. Costi gestione e manut. ord. e straord.	mEUR	-390,0	0,0	0,0	-8,6	-8,8	-8,8	-9,0	-9,2
C3. Valore residuo investimento	mEUR	117,8							
TOTALE COSTI (C1+C2+C3)	mEUR	-1.673,5	0,0	0,0	-148,7	-289,0	-429,2	-429,4	-149,3
B1. Ricavi da traffico	mEUR	1.961,2	0,0	0,0	0,0	0,0	0,0	0,0	0,0
TOTALE BENEFICI (B1+B2+...+B8+B9)	mEUR	1.961,2	0,0	0,0	0,0	0,0	0,0	0,0	0,0
BENEFICI - COSTI	mEUR	287,6	0,0	0,0	-148,7	-289,0	-429,2	-429,4	-149,3

TOTALI A PREZZI 2016 (r=3%)		**1**	**2**	**3**	**4**	**5**	**6**	**7**
				Costruzione (a prezzi 2016)				
C1. Costi investimento (progettaz. e costruz.)	mEUR	-1.136,7			-120,9	-234,7	-341,8	-331,9	-107,4
C2. Costi gestione e manut. ord. e straord.	mEUR	-210,6	0,0	0,0	-7,4	-7,3	-7,2	-7,1	-7,0
C3. Valore residuo investimento	mEUR	48,5	0,0	0,0	0,0	0,0	0,0	0,0	0,0
TOTALE COSTI (C1+C2+C3)	mEUR	-1.298,8	0,0	0,0	-128,3	-242,1	-349,0	-339,0	-114,4
B1. Ricavi da traffico	mEUR	1.327,3	0,0	0,0	0,0	0,0	0,0	0,0	0,0
TOTALE BENEFICI (B1+B2+...+B8+B9)	mEUR	1.327,3	0,0	0,0	0,0	0,0	0,0	0,0	0,0
BENEFICI - COSTI	mEUR	28,5	0,0	0,0	-128,3	-242,1	-349,0	-339,0	-114,4
CUMULATA BENEFICI - COSTI	mEUR	28,5	0,0	0,0	-128,3	-370,3	-719,3	-1.058,3	-1.172,8

VAN [mEUR]	28,5
SRI	3,5%
RAPPORTO B/C	1,0
PAYBACK PERIOD [anni]	13

2025	2026	2027	2028	2029	2030	2031	2032	2033	2034	2035	2036	2037	2038
8	9	10	11	12	13	14	15	16	17	18	19	20	21
Gestione e Manutenzione (a prezzi costanti)													
-9,3	-9,4	-9,5	-9,7	-9,9	-10,9	-11,3	-11,8	-12,3	-12,8	-13,5	-13,7	-13,9	-14,1
-9,3	-9,4	-9,5	-9,7	-9,9	-10,9	-11,3	-11,8	-12,3	-12,8	-13,5	-13,7	-13,9	-14,1
338,2	305,8	273,4	241,0	208,6	176,2	143,8	111,4	79,0	46,6	14,2	1,4	1,4	1,4
338,2	305,8	273,4	241,0	208,6	176,2	143,8	111,4	79,0	46,6	14,2	1,4	1,4	1,4
328,9	296,4	263,9	231,3	198,8	165,3	132,5	99,6	66,7	33,8	0,7	-12,3	-12,5	-12,7

8	9	10	11	12	13	14	15	16	17	18	19	20	21
Gestione e Manutenzione (a prezzi 2016)													
-6,9	-6,8	-6,7	-6,6	-6,5	-7,0	-7,0	-7,1	-7,2	-7,3	-7,5	-7,4	-7,3	-7,1
0,0	0,0	0,0	0,0	0,0	0,0	0,0	0,0	0,0	0,0	0,0	0,0	0,0	0,0
-6,9	-6,8	-6,7	-6,6	-6,5	-7,0	-7,0	-7,1	-7,2	-7,3	-7,5	-7,4	-7,3	-7,1
251,7	220,9	191,8	164,1	137,9	113,1	89,6	67,4	46,4	26,6	7,9	0,8	0,7	0,7
251,7	220,9	191,8	164,1	137,9	113,1	89,6	67,4	46,4	26,6	7,9	0,8	0,7	0,7
244,8	214,1	185,1	157,5	131,4	106,1	82,6	60,3	39,2	19,3	0,4	-6,6	-6,5	-6,4
-928,0	-713,9	-528,8	-371,3	-239,9	-133,8	-51,2	9,1	48,3	67,5	67,9	61,3	54,8	48,4

Tabella 12 - ESEMPIO NUMERICO: I risultati dell'analisi ricavi-costi per il tracciato C (parte 1/2)

2039	2040	2041	2042	2043	2044	2045	2046	2047	2048	2049	2050	2051
22	23	24	25	26	27	28	29	30	31	32	33	34
Gestione e Manutenzione (a prezzi costanti)												
-14,1	-14,1	-14,1	-14,1	-14,1	-14,1	-14,1	-14,1	-14,1	-14,1	-14,1	-14,1	-14,1
												117,8
-14,1	-14,1	-14,1	-14,1	-14,1	-14,1	-14,1	-14,1	-14,1	-14,1	-14,1	-14,1	103,7
1,4	1,4	1,4	1,4	1,4	1,4	1,4	1,4	1,4	1,4	1,4	1,4	1,4
1,4	1,4	1,4	1,4	1,4	1,4	1,4	1,4	1,4	1,4	1,4	1,4	1,4
-12,7	-12,7	-12,7	-12,7	-12,7	-12,7	-12,7	-12,7	-12,7	-12,7	-12,7	-12,7	105,1

22	23	24	25	26	27	28	29	30	31	32	33	34
Gestione e Manutenzione (a prezzi 2016)												
-6,9	-6,7	-6,5	-6,4	-6,2	-6,0	-5,8	-5,6	-5,5	-5,3	-5,2	-5,0	-4,9
0,0	0,0	0,0	0,0	0,0	0,0	0,0	0,0	0,0	0,0	0,0	0,0	48,5
-6,9	-6,7	-6,5	-6,4	-6,2	-6,0	-5,8	-5,6	-5,5	-5,3	-5,2	-5,0	43,7
0,7	0,7	0,7	0,6	0,6	0,6	0,6	0,6	0,6	0,5	0,5	0,5	0,5
0,7	0,7	0,7	0,6	0,6	0,6	0,6	0,6	0,6	0,5	0,5	0,5	0,5
-6,2	-6,1	-5,9	-5,7	-5,5	-5,4	-5,2	-5,1	-4,9	-4,8	-4,6	-4,5	44,1
42,1	36,1	30,2	24,5	18,9	13,5	8,3	3,2	-1,7	-6,5	-11,1	-15,6	28,5

Tabella 13 - ESEMPIO NUMERICO: I risultati dell'analisi ricavi-costi per il tracciato C (parte 2/2)

3.3 La valutazione economica: l'analisi costi-benefici

L'Analisi Costi-Benefici (ABC) valuta la convenienza di uno o più Progetti (P) considerando gli effetti monetari o monetizzabili come variazioni rispetto allo stato di Non Progetto (NP). Si valuta un unico aggregato economico in cui i diversi impatti vengono sommati alge-bricamente, considerando con il segno positivo i benefici (le voci in "entrata") e con il segno negativo i costi (le voci in "uscita"). In gene-re, queste analisi vengono redatte nell'ottica del decisore pubblico ovvero quando un privato vuole accedere a forme di partenariato pub-blico privato.

Al fine di fornire al lettore un pratico strumento professionale immediatamente applicabile per le valutazioni e per i confronti degli interventi sui sistemi di trasporto, nel presente paragrafo si forniscono alcune linee guida per la redazione dell'analisi costi-benefici desunta dai più recenti documenti e normative italiane ed europee tra cui:

- European Commission (2014); Guide to Cost-Benefit Analy-sis of Investment Projects;

- HEATCO - Developing Harmonised European Approaches for Transport Costing and Project Assessment (2006); Deliverable 5: Proposal for Harmonised Guidelines;
- Ministero delle Infrastrutture e dei Trasporti (2016); Decreti, Documenti e Linee Guida di settore, tra cui il Nuovo Codice degli Appalti, Le Strategie per le Infrastrutture di Trasporto e Logistica (ex Allegato Infrastrutture al DeF);
- Regione Lombardia (2014); Interventi infrastrutturali: linee guida per la redazione di studi di fattibilità;
- Ricardo-AEA DG MOVE (2014); Update of the Handbook on External Costs of Transport. Final Report. Report for the European Commission.
- Unità di Valutazione degli investimenti pubblici - UVAL (2014); Lo studio di fattibilità nei progetti locali realizzati in forma partenariale: una guida e uno strumento;

A partire da queste fonti, si propone una metodologia di valutazione economica suddivisa in cinque fasi distinte:

1. **Individuazione dello scenario di riferimento e delle alternative progettuali;**
2. **Stima dei traffici attesi per le ipotesi progettuali e nell'orizzonte temporale di analisi**, ad esempio stima delle:
   a. variazioni di veicoli*km e passeggeri*km;
   b. variazioni di veicoli*ora e passeggeri*ora;
   c. variazioni del parco veicolare circolante;
3. **Stima dei costi:**
   a. di investimento;
   b. di gestione e manutenzione (ordinaria e straordinaria);
   c. del valore residuo dell'investimento;
4. **Stima dei benefici:**
   a. per gli utenti del sistema:
      - percepiti: variazioni di "surplus del consumatore" (es. variazione di tempo e di costo del carburante);
      - non percepiti: variazioni dei costi operativi (es. usura veicolo);

b. per i non utenti:
- variazioni emissioni gas climalteranti;
- variazioni emissioni inquinanti nocive all'uomo;
- variazioni emissioni sonore;
- variazioni incidentalità;
- variazioni congestione stradale;
- impatti negli altri settori (variazioni processi up-and downstream);
5. **Definizione e stima degli indicatori sintetici** per il confronto delle alternative (VAN, SRI, B/C, PayBack Period).

A titolo di esempio, nella successiva tabella si ripota una possibile schematizzazione degli impatti (costi e benefici) da stimare nel caso di progetti che si prevede impattino su un unico modo di trasporto, ovvero per i quali è possibile ipotizzare rigida/invariata la domanda di mobilità totale per i singoli modi di trasporto (maggiori dettagli su questo aspetto saranno forniti nel paragrafo 3.3.3).

COSTI		C1. Costi di investimento (progettazione e costruzione)
		C2. Costi di gestione e manutenzione ordinaria e straordinaria
		C3. Valore residuo dell'investimento
BENEFICI	UTENTI	B1. Benefici percepiti (es. valore del tempo)
		B2. Benefici percepiti (es. carburante)
		B3. Benefici non percepiti (es. costi operativi)
		…
	NON UTENTI	B4. Riduzione gas climalteranti
		B5. Riduzione emissioni inquinanti
		B6. Riduzione emissioni sonore
		B7. Riduzione incidentalità
		B8. Risparmio di congestione stradale
		B9. Impatti negli altri settori
		…

Tabella 14 – Esempio di variazioni dei costi e dei benefici da stimare

45

3.3.1 La stima dei costi

Così come suggerito dai principali testi di riferimento, per le valutazioni economiche (ad esempio UVAL, 2014) i costi di investimento da considerare nell'analisi necessitano di una "**correzione fiscale**" per evitare, ad esempio, che siano considerate tra le voci di costo somme che, benché costituiscano effettivamente parte della spesa, rientreranno in futuro nelle disponibilità finanziarie delle amministrazioni, e quindi della collettività, sotto forma di gettito fiscale. Ciò implica che vengano stornati dagli importi indicati dall'ente proponente, non soltanto le relative componenti di imposizione fiscale indiretta (es. IVA, accise), ma anche i rientri in termini di imposte indirette e dirette associate al complesso delle interazioni che originano la spesa.

Alle correzioni fiscali se ne aggiungono in genere altre, ovvero le "**correzioni attribuibili alle imperfezioni di mercato non fiscali**". In questo caso il fine è quello di stornare dai prezzi di mercato le distorsioni che li allontanano dai prezzi efficienti ovvero i "reali" prezzi economici.

Queste operazioni di "correzione" dei costi si traducono operativamente nell'applicazione di coefficienti di conversione che, moltiplicati per ciascuna voce di costo, ne permettono la correzione per la componente fiscale e per la componente attribuibile alle imperfezioni di mercato. Per la stima dei coefficienti di conversione si propone di far riferimento a quelli proposti dall'Unità di Valutazione degli investimenti pubblici (UVAL, 2014), per semplicità riportati in parte nella Tabella 15.

Come detto, poiché spesso l'orizzonte temporale di analisi (il periodo di valutazione) è inferiore alla vita economica del progetto (opera), si prevede un **valore residuo dell'investimento** per considerare i benefici e i costi del progetto oltre tale orizzonte temporale. Tale valore, rappresentando un'entrata del progetto, andrà incluso nel conto dei costi d'investimento con segno positivo. Tale valore residuo può essere calcolato secondo diverse metodologie (elencate nel paragrafo 3.2.1 riguardante la stima dei costi per l'analisi finanziaria).

Investimento	Coefficiente conversione
Investimenti in opere civili	0,82
Investimenti in impianti	0,88
Espropri	1,0
Manodopera (al loro degli oneri sociali)	0,44
Spese di progettazione	0,85
Altro (spese generali)	0,85
Imprevisti	0,85
Investimenti non ammissibili a contributo pubblico	1,00
Manutenzioni straordinarie negli anni di esercizio	0,84
Valore residuo finale	0,84
Ricavi d'esercizio	
Ricavi tariffari (al netto di IVA)	0,86
Canone di disponibilità	0,80
Costi di gestione	
Costi per servizi	0,90
Costi del personale (al lordo degli oneri sociali)	0,44
Oneri diversi di gestione	0,84
Manutenzioni ordinarie	0,85
Altri elementi	
Gettito fiscale da esercizio (add. irpef su MOL)	0,09
Contributo pubblico	0,30
Canone di disponibilità	0,30

Tabella 15 - Coefficienti di conversione per i costi di investimento (fonte: elab. a partire dalle Linee guida emanate dal Ministero delle Infrastrutture e dei Trasporti e da Unità di Valutazione degli investimenti pubblici – UVAL, 2014)

3.3.2 La stima dei benefici

3.3.2.1 I benefici per gli utenti

I benefici per gli utenti vanno in genere stimati tramite la quantificazione della variazione (rispetto allo scenario di riferimento) del *"surplus del consumatore"*, che a sua volta è funzione della variazione di costo generalizzato percepito di trasporto. Quest'ultimo è ottenuto sommando i risparmi di tempo di viaggio e i costi monetari, opportunamente pesati rispetto a coefficienti di reciproca sostituzione (valore del tempo – VTTS o VOT). Tra le voci di costo vanno considerati i pedaggi e i costi operativi (es. consumo di carburante). Parallelamente, tra i benefici per i non utenti andrebbe considerata la variazione di "surplus del produttore", ovvero l'eccedenza dei ricavi da traffico rispetto ai costi per chi produce o gestisce il servizio nonché la variazione delle entrate fiscali per lo Stato/Regioni.

Nel caso più generale in cui l'analisi è redatta nell'ottica della collettività nel suo complesso, gli utenti del sistema, i non utenti, il produttore del servizio, lo Stato/Regioni, fanno tutti parte della collettività e vanno tenuti in conto. Poiché la variazione dei ricavi da traffico rappresentano un costo (segno negativo) per gli utenti ed un beneficio (segno positivo) per il produttore del servizio e per lo Stato/Regioni (nella sua aliquota fiscale), è possibile in questo caso non considerarli nell'analisi economica (l'impatto complessivo sulla collettività è nullo).

Per la stima della **variazione di "surplus del consumatore"** bisogna distinguere il caso di progetti che interessano:
- più modalità di trasporto (con traffico generato e deviato da altri modi);
- un unico modo di trasporto (con domanda rigida/invariata).

Nel primo caso, se è disponibile per l'area di studio oggetto dell'analisi un modello di scelta modale, è possibile applicare la seguente relazione:

$$\Delta S_P = S_P - S_{NP} \tag{1}$$

dove:

ΔS_P è la variazione di "surplus del consumatore" relativa al progetto P;

S_P e S_{NP} sono rispettivamente il surplus globale degli utenti nello scenario di Progetto ed in quello di Non Progetto (riferimento/programmatico), pari rispettivamente a $N_P \cdot s_P$ e $N_{NP} \cdot s_{NP}$;

N_P e N_{NP} è il numero totale di utenti del sistema dei trasporti nello scenario di Progetto ed in quello di Non Progetto rispettivamente (anche quelli che non beneficiano dell'intervento progettuale) nell'orizzonte temporale di analisi (es. anno);

s_P e s_{NP} sono rispettivamente il valore medio del surplus percepito (variabile di soddisfazione) ovvero <u>il valore medio della massima utilità percepita</u> fra tutte le alternative disponibili (es. modi o percorsi).

Nel caso specifico in cui il modello di scelta del modo stimato sia un modello Logit Multinomiale, la variabile di soddisfazione può essere espressa in forma chiusa. Infatti, per la proprietà di stabilità rispetto alla massimizzazione della variabile di Gumbel, la variabile di soddisfazione in questo caso è data da:

$$s(V) = \theta \ln \Sigma_j exp(V_j / \theta)$$

dove:

V e V_j sono le utilità sistematiche stimate per le singole alternative modali (rispettivamente il vettore e la singola j-esima utilità);

θ è il parametro caratteristico del modello LOGIT (da stimare).

Uno dei vantaggi principali nell'utilizzare un modello Logit Multinomiale è la sua proprietà additiva (valida per tutti i modelli di utilità aleatoria additivi), secondo cui l'aggiunta di una nuova alternativa (es. un nuovo modo o un nuovo percorso) all'insieme di scelta provoca un aumento del valore atteso della massima utilità percepita, anche nel caso in cui la nuova alternativa abbia un'utilità sistematica inferiore a tutte quelle delle altre alternative già disponibili. Ciò dipende dall'aleatorietà dell'utilità percepita, secondo cui qualche decisore percepirà comunque la nuova alternativa come alternativa di massima utilità. In altre parole, l'aggiunta di una nuova alternativa accrescerà il valore medio del surplus percepito per gli utenti del sistema (avere un'alternativa in più tra cui scegliere aumenta in ogni caso la soddisfazione percepita indipendentemente se questa verrà poi scelta o meno).

Nel caso in cui non si dispone di un modello di scelta del modo di trasporto, un approccio non comportamentale semplificato per stimare la variazione di "surplus del consumatore" può essere quello di utilizzare il "**metodo della domanda media**", ovvero la relazione:

$$\Delta S_P = \frac{1}{2}\left[d\left(g^P\right) + d\left(g^{NP}\right)\right]\left(g^{NP} - g^P\right) \qquad (2)$$

dove:

$d\left(g^{NP}\right)$ è il numero di utenti che si spostano nella situazione di Non Progetto (domanda di mobilità) e nell'orizzonte temporale di analisi (es. anno);

$d\left(g^P\right)$ è il numero di utenti che si spostano nella situazione di Progetto (domanda di mobilità) e nell'orizzonte temporale di analisi (es. anno);

g^{NP} e g^P è il costo generalizzato medio rispettivamente nello scenario di Non Progetto e di Progetto, pari a $g^{NP} = \beta_{tmp}\, t^{NP} + \beta_c\, cm^{NP}$ e $g^P = \beta_{tmp}\, t^P + \beta_c\, cm^P$

β_{tmp} e β_c sono i coefficienti di reciproca sostituzione finalizzati ad omogenizzare e pesare i due attributi ed il cui rapporto β_{tmp}/β_c rappresenta il valore monetario del tempo (VTTS);

t^{NP} e cm^{NP} sono i tempi e costi monetari di viaggio per lo scenario di Non Progetto (ed analogamente per quello di Progetto).

In tutte le equazioni precedenti, per semplicità, è stata omessa la dipendenza dalle origini o e dalle destinazioni d in cui è suddivisa l'area di studio nonché le categorie di utenti considerate (es. lavoratori, studenti) ed i modi di trasporto (es. auto, bus, treno). In maniera rigorosa le precedenti relazioni per la stima delle variazioni di "surplus del consumatore" vanno intese per singola origine o, categoria i e modo di trasporto m e vanno quindi sommate su tutte le zone di traffico, categorie e modi, al fine di valutare la variazione globale per l'intero sistema di trasporto.

Nel caso di progetti che interessano un unico modo di trasporto (con domanda rigida/invariata) la stima della variazione di "surplus del consumatore" è di più semplice ed immediata valutazione. Ad esempio è possibile utilizzare una relazione del tipo:

$$\Delta S_P = \Delta CG_P = var.\ di\ tempo + var.\ di\ costo\ carburante =$$
$$= \Delta veicoli * ora \cdot riemp. \cdot VTTS + \Delta veicoli * km \cdot CONS \cdot Costo \qquad (3)$$

dove:

ΔCGP è la variazione di costo generalizzato medio per gli utenti direttamente interessati dall'intervento;

$\Delta veicoli * ora$ è la variazione di veicoli*ora all'anno generata dal progetto;

$\Delta veicoli * km$ è la variazione di veicoli*km all'anno generata dal progetto;

riemp. è il coefficiente medio di riempimento di un veicolo (es. nel caso di progetti stradali è il numero medio di passeggeri/auto che beneficeranno di una eventuale riduzione del tempo di viaggio);

VTTS (a volte noto anche come *VOT*) è il valore monetario del tempo (€/ora);

CONS è il consumo medio di carburante (a km) di un veicolo;

Costo è il costo medio (industriale) del carburante.

Ovviamente, anche nella relazione presedente, per semplicità di notazione, è stato omesso che tali variazioni vanno differenziate per tutte le categorie veicolari presenti (es. veicoli merci e passeggeri, cilindrata, classe EURO), nonché per tutti i motivi dello spostamento (es. svago, lavoro) per i quali vanno computati valori monetari del tempo differenti.

B.1 Benefici percepiti: il valore del tempo

Per la stima del valore monetario del tempo si consiglia di far riferimento a specifiche stime (es. modelli di scelta del modo) relative all'area di studio oggetto di analisi. Quando non si dispone di stime

specifiche si può far riferimento a testi/norme specifiche come, ad esempio, ai valori unitari proposti da:
- Regione Lombardia (2014); Interventi infrastrutturali: linee guida per la redazione di studi di fattibilità;
- Documento "Valori indicativi di riferimento dei costi di esercizio dell'impresa di autotrasporto per conto di terzi" in art. 1, comma 250 della Legge di stabilità 2015 n. 190;
- Wardman, Chintakayala, de Jong, (2012) European wide meta-analysis of Values of Travel Time. University of Leeds report;
- Progetto Developing Harmonised European Approaches for Transport Costing and Project Assessment "HEATCO D5" (2006).

Nelle tabelle seguenti si riportano alcuni esempi di valori medi del tempo (VTTS) per il contesto italiano, ottenuti tramite elaborazioni a partire dalle fonti citate.

Motivo dello spostamento		Modo	(€/ora)
Business		Aereo	35,29
		Bus	20,57
		Auto/Treno	25,63
Pendolarismo	Breve distanza	Aereo	15,16
		Bus	7,31
		Auto/Treno	10,16
	Lunga distanza	Aereo	19,47
		Bus	9,38
		Auto/Treno	13,04
Altri motivi	Breve distanza	Aereo	12,71
		Bus	6,12
		Auto/Treno	8,52
	Lunga distanza	Aereo	16,32
		Bus	7,86
		Auto/Treno	10,94

Tabella 16 – Un esempio di valori medi pesati del tempo (VTTS) per singola categoria di spostamento (fonte: HEATCO D5, 2006)

Tipologia veicolo	Motivo dello spostamento	Spost. urbani (€/ora)	Spost. medie e lunghe percorrenze (€/ora)
Autovetture	Affari	20,0	35,00
	Lavoro sistematico	7,50	12,00
	Turismo e svago	5,00	7,00

Tabella 17 – Un esempio di valori medi pesati del tempo (VTTS) per singola categoria di spostamento (fonte: elab. su Wardman, Chintakayala, de Jong, 2012, European wide meta-analysis of Values of Travel Time. University of Leeds report e Regione Lombardia, 2014)

Trasporto merci	
Tempo viaggio conducente[10]	15,64 senza diaria di trasferta (€/ora) 33,02 con diaria di trasferta (€/ora)
Valore tempo merce trasportata	1,64 per spost. su ferrovia (€/tonnellata*ora) 3,96 per spost. su strada (€/tonnellata*ora)

Tabella 18 – Un esempio di valori medi pesati del tempo (VTTS) per il trasporto delle merci (fonte: elaborazioni su dati progetto "HEATCO D5 2006 e documento "Valori indicativi di riferimento dei costi di esercizio dell'impresa di autotrasporto per conto di terzi" in art. 1, comma 250 della Legge di stabilità 2015 n. 190 e Regione Lombardia, 2014)

Inoltre, poiché il valore del tempo potrà variare nel periodo di analisi, si suggerisce di considerare un'elasticità del VTTS alle variazioni attese del PIL variabile tra 0,7 ed 1,0. Poiché i benefici da risparmi di tempo rappresentano notoriamente una parte rilevante di quelli totali, in via prudenziale è buona prassi considerare un'elasticità al PIL pari a 0,5 (es. se si stima che il PIL crescerà dell'1%, è possibile ipotizzare che il VTTS cresca dello 0,5%). Nella Figura 5 è riportato un esempio di andamento ipotizzato del VTTS e del PIL nel tempo.

---

[10] da prendere in esame solo se non si è già considerato nei costi operativi dei veicoli merci.

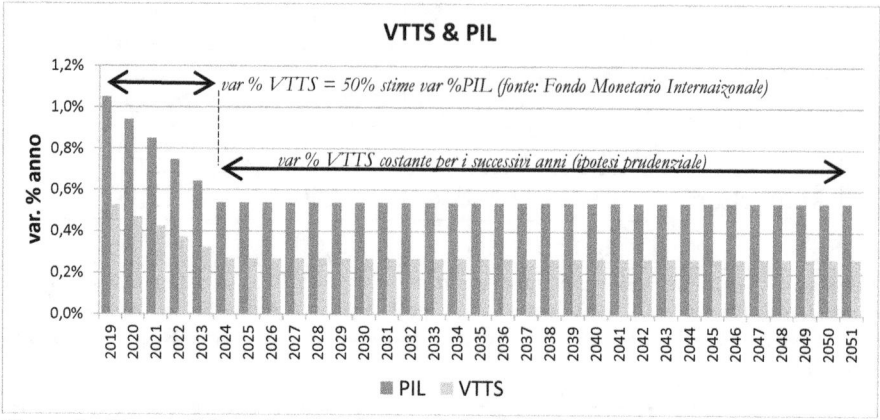

Figura 5 – Un possibile andamento temporale ipotizzabile per il VTTS e PIL (stime PIL periodo 2019-2024, fonte: Fondo Monetario Internazionale, 2016).

B.2 Benefici percepiti: il costo del carburante

Le variazioni del costo del carburante sono i benefici percepiti maggiormente considerati nelle analisi economiche per il settore dei trasporti (es. opere stradali). Queste sono funzioni delle variazioni dei veicoli*km, del consumo medio per tipologia veicolare e del costo unitario del carburante. Più precisamente, in queste analisi, è opportuno considerare il costo industriale del carburante e non quello "alla pompa" al fine di non considerare la componente fiscale sul carburante (es. le accise) che rappresentato un costo per l'utente ma un beneficio per lo Stato (si elidono a vicenda). Tra le possibili relazioni da utilizzare se ne riporta una di quelle più frequentemente utilizzate:

$$\Delta Carb_P = \Delta veicoli\text{*}km \cdot CONSUMO \cdot Costo \qquad (4)$$

dove:

$\Delta Carb_P$ è la variazione di costo di carburante imputabile al progetto P;

$\Delta veicoli\text{*}km$ è la variazione di veicoli*km all'anno imputate al progetto P;

$CONSUMO$ è il consumo medio di carburante (a km) di un veicolo;

$Costo$ è il costo medio (industriale) del carburante.

Nella relazione precedente, per semplicità, è stata omessa la dipendenza dalle categorie veicolari (es. i veicoli merci consumano di più delle autovetture) e dalla tipologia di strada sulla quale avvengono gli spostamenti (es. in autostrada il consumo unitario è mediamente inferiore a quello sulle strade urbane).

Nelle successive tabelle si riportano i valori unitari da prendere come riferimento per l'applicazione della relazione (4).

Tipologia		Consumo medio
Veicolo	Strada	(litri/veicolo*km)
Autovetture e veicoli merci leggeri	Autostrada o Tangenziale	0,05
	Extraurbana	0,70
	Urbana	0,10
Veicoli merci pesanti	Autostrada o Tangenziale	0,12
	Extraurbana	0,16
	Urbana	0,31

Tabella 19 - Consumi medi per tipologia di veicolo e strada percorsa (fonte: elaborazione su dati Unione Petrolifera Italiana, rapporto APAT, 2007 e dati COPERT, 2012)

Tipologia di alimentazione	Costo industriale (€/litro)
Benzina	0,49
Diesel	0,47

Tabella 20 - Costo industriale carburante per tipologia di alimentazione (fonte: Ministero dello Sviluppo Economico, 2016)

B.3 Benefici non percepiti: i costi operativi

L'ultima esternalità relativa agli utenti del sistema riguarda i costi
operativi, ovvero quei costi non percepiti imputabili, ad esempio, alle
variazioni di consumo di lubrificanti, pneumatici ed alla manutenzione e deprezzamento del veicolo. Questi impattano in misura
differenziata in ragione (delle variazioni) delle percorrenze. Ad esempio, le variazioni di consumo di pneumatici e lubrificanti sono in
genere proporzionali alle variazioni di percorrenze (Δveicoli*km), i
costi relativi alla manutenzione o al deprezzamento del veicolo vanno
invece tenuti in conto solo in modo parziale (es. il 50% del loro valore). Vi sono anche i costi che non dipendono dalle distanze percorse e
che quindi vanno considerati solo in una percentuale marginale (es.
assicurazione e bollo ACI). Nella Tabella 21 si riporta un esempio di
valori unitari da utilizzare nelle analisi economiche e finanziarie.

Per la stima dei costi operativi, una buona approssimazione è
quella di considerare un valore economico unitario per le auto pari a
0,080 €/veicolo*km (fonte: Linee guida per la redazione di studi di
fattibilità redatte dalla regione Lombardia, 2014) o anche un valore
inferiore qualora si voglia essere più prudenziali (es. 0,050
€/veicolo*km).

Voce di costo	Valori		Unità di misura (prezzi 2016)	% in relazione alle percorrenze
	Economici	Finanziari		
Assicurazione	-	475,00	€	0%
Pneumatici	0,02	0,02	€/veicolo*km	100%
Manutenzione	0,03	0,07	€/veicolo*km	50%
Deprezzamento	0,04	0,09	€/veicolo*km	50%

Tabella 21 - Costi operativi unitari (fonte: elab. su dati Regione Lombardia, 2014 e Istituto per la Vigilanza sulle Assicurazioni – IVASS, 2014)

3.3.2.2 I benefici per i non utenti

Una parte rilevante della valutazione economica riguarda la quantificazione degli effetti esterni (esternalità) prodotti dal progetto sia per l'ambiente (es. riscaldamento globale) che per l'uomo (es. inquinamento e sicurezza stradale). In genere, si ha un'esternalità quando la produzione (o il consumo) di un bene ha impatti sul benessere di un soggetto terzo (collettività) senza che vi sia alcun compenso o indennizzo ("internalizzazione") specifico. Nelle analisi economiche le esternalità non sono internalizzate nei conti finanziari. Queste possono essere negative (es. più veicoli che circolano consumeranno più carburante ed emetteranno più sostanze inquinanti) ovvero positive (es. meno emissioni, computate quindi con segno positivo).

Per la stima delle esternalità per i non utenti (costi o benefici) occorre:

a) stimare le variazioni di emissioni ed incidenti;
b) definire i costi sociali marginali (unitari);
c) stimare il trend temporale dei costi marginali per tutto il periodo di analisi (es. 30 anni);
d) monetizzare il costo (o beneficio) sociale, ovvero moltiplicare le variazioni di emissioni/incidenti per i costi marginali stimati[11].

È opportuno quindi, per ciascuna voce di impatto (descritta nel seguito), applicare iterativamente tale procedura di stima.

B.4 I gas climalteranti

La stima degli impatti del progetto sul riscaldamento globale (gas climalteranti) risulta un'attività centrale per le analisi economiche. Le emissioni di gas serra (anidride carbonica CO_2, ossido di azoto N_2O e metano CH_4, di solito espresse tutte in unità equivalenti di CO_2) hanno effetti sul riscaldamento del pianeta. Esistono prevalentemente due metodi per stimare questa esternalità:

1. moltiplicare le quantità di CO_2 equivalenti emesse (le variazioni) per un costo marginale (unitario);

---

[11] È giusto il caso di sottolineare che spesso tali costi marginali stimati si riferiscono a prezzi relativi ad anni differenti (es. i costi unitari delle linee guida EU sono a prezzi 2010) e comunque non coincidenti con quello di riferimento per l'analisi (anno 0). Per ovviare a ciò è opportuno attualizzare tali parametri unitari ad esempio attraverso le tabelle dell'ISTAT "Indici nazionali dei prezzi al consumo per le famiglie di operai ed impiegati".

2. moltiplicare le variazioni di veicoli*km prodotte dal progetto per un costo marginale, imputabile al contributo al riscaldamento globale derivante da un km percorso (in più o in meno) per singola categoria veicolare.

I costi marginali, essendo riferiti alla scala globale, non vanno differenziati in rapporto ai contesti in cui avvengono le emissioni (es. se in città o campagna). Essi sono invece differenziati nel tempo in ragione dei trend ipotizzati, ad esempio, per l'evoluzione del parco veicolare e sono funzione della tipologia di strada su cui circolano i veicoli (es. per i differenti regimi di velocità ed accelerazione, 1 km percorso da un veicolo su strade urbane emette più gas climalteranti rispetto a quelle emesse su di una strada extraurbana).

Qualora si volesse implementare il secondo dei due approcci descritti è possibile utilizzare i coefficienti unitari (attualizzati all'anno di riferimento) proposti dalla Comunità Europea (Ricardo-AEA DG MOVE, 2014, Update of the Handbook on External Costs of Transport), stimando un trend temporale sia della composizione del parco veicolare per tutta la durata dell'orizzonte temporale di analisi che delle percorrenze medie annue per classe EURO di emissione (il rinnovo del parco veicoli, a parità di percorrenze, produrrà in maniera naturale una riduzione delle emissioni di sostanze climalteranti).

A partire da queste considerazioni, la Tabella 22 riporta i valori di costo marginale (a partire dai dati Ricardo-AEA DG MOVE, 2014 attualizzati al 2016 secondo i valori ISTAT degli indici nazionali dei prezzi al consumo del 2016) medi pesati sia sul parco veicolare italiano[12] (si veda il paragrafo 3.1.3.1) che sulle percorrenze medie annue per classe EURO di emissione (si veda il paragrafo 3.1.3.2) secondo le relazioni seguenti:

$$€ct/vkm = \frac{\sum_{i=EURO\_0...6} €ct/vkm^{EUROi} * vkm^{EUROi}}{\sum_{i=EURO\_0...6} vkm^{EUROi}}$$

---

[12] ipotizzando che il numero totale di veicoli resti costante negli anni e cambi solo la ripartizione percentuale tra le differenti categorie e classi EURO di emissione.

dove:

€ct/vkm è il valore monetario (in centesimi di Euro) per ogni veicolo*km prodotto (risparmiato);

€ct/vkm^{EURO1} è il valore monetario (in centesimi di Euro) per ogni veicolo*km prodotto associato ad un veicolo della i-esima classe EURO di emissione;

vkm$^{EURO\ i}$ sono i veicoli*km percorsi dai veicoli della i-esima classe EURO di emissione, pari al prodotto della percorrenza media annua associata alla i-esima categoria per il numero di veicoli appartenenti alla i-esima classe di emissione.

Soltanto per la categoria veicolare dei BUS, non disponendo dell'andamento dei km/anno percorsi per le diverse classi EURO di emissione, è stato stimato il costo marginale associato ai gas climalteranti semplicemente come media pesata rispetto alla sola composizione del parco circolante.

Gas Climalteranti [€ct/vkm a prezzi 2016]		2016	2026	2036	2046
Circolazione su strade urbane[13]	Auto	2,42	2,37	2,36	2,36
	Veicoli merci[14]	3,51	3,28	3,21	3,17
	Bus	8,08	7,99	7,93	7,91
Circolazione su strade rurali	Auto	1,51	1,50	1,50	1,50
	Veicoli merci	2,31	2,07	2,00	1,97
	Bus	5,87	5,66	5,50	5,45
Circolazione su autostrada	Auto	1,62	1,60	1,61	1,61
	Veicoli merci	2,91	2,72	2,66	2,64
	Bus	5,34	5,12	4,96	4,91
Circolazione su strada media	Auto	1,78	1,76	1,76	1,76
	Veicoli merci	2,70	2,48	2,42	2,39
	Bus	6,47	6,33	6,23	6,20

Tabella 22 - Costi marginali dei gas climalteranti medi pesati sia sul parco veicolare italiano che sulle percorrenze medie per classe EURO di emissione (fonte: elaborazione su dati Ricardo-AEA DG MOVE, 2014; ACI, 2000-2016; ISPRA, 2015; ISTAT, 2016)

---

[13] Ricardo-AEA DG MOVE (2014) definisce: Strade urbane - roads inside urban settlement areas (definition of urban area is country-specific (more than 50.000 inhabitants, in most cases); Autostrade – roads with separated lanes and central barrier; strade rurali - other roads outside urban settlement areas.

[14] Valori medi pesati sul parco italiano dei veicoli merci leggeri (LGV - Light commercial vehicles, with a maximum gross vehicle weight of 3,5 tonnes) e pesanti (HGV).

Tipologia di Treno		Urbano[15]			Non Urbano		
		Costo Unitario [a prezzi 2016]		Fattore di carico	Costo Unitario [a prezzi 2016]		Fattore di carico
		€ct/pkm €ct/tkm	€ct/ treno*km	Passeggeri o Tonnellate	€ct/pkm €ct/tkm	€ct/ treno*km	Passeggeri o Tonnellate
Passeggeri	Locomotiva diesel	0,48	60,15	125	0,42	66,32	159
Passeggeri	Treno con vagoni-motrici[16]	0,35	42,61	120	0,37	44,90	120
Merci	Locomotiva diesel	0,28	134,95	500	0,28	134,95	500

Tabella 23 - Costi marginali dei gas climalteranti medi pesati per gli utenti e le merci delle ferrovie (fonte: elab. su dati Ricardo-AEA DG MOVE, 2014 e ISTAT, 2016)

B.5 Le emissioni inquinanti

Tra le esternalità da valutare vi sono quelle dannose per la salute umana ovvero, ad esempio, il biossido di zolfo (SO_2), gli ossidi di azoto (NO_x), il particolato (PM_{10}, $PM_{2,5}$) ed i composti organici volatili non metanici (COVNM). Anche per la stima di questi impatti esistono due metodologie distinte, ovvero:

1. moltiplicare le quantità di ciascun inquinante emesso imputabili al progetto per un costo marginale;
2. moltiplicare le variazioni di veicoli*km prodotte dal progetto per un costo marginale.

Questi costi marginali sono funzione del contesto territoriale in cui avvengono le emissioni (la quantità - densità - di popolazione direttamente esposta a queste sostanze: il danno sarà maggiore dove la densità è più alta e inferiore nelle aree non edificate), nonché i diversi modi/veicoli di trasporto che le emettono (es. un veicolo EURO 0 emette più polveri sottili di un analogo veicolo EURO 6). Questi van-

---

[15] Ricardo-AEA DG MOVE (2014) definisce: Urban - rail network inside urban settlement areas (urban area is country-specific more than 50000 inhabitants);
[16] Ricardo-AEA DG MOVE (2014) definisce per questa categoria: meaning modern trains without an explicit locomotive unit, but where each railcar has its own engine

no inoltre differenziati nel tempo in ragione dei trend ipotizzati, ad esempio, secondo l'evoluzione del parco veicolare stimata.

Qualora si volesse implementare il secondo dei due approcci descritti è possibile utilizzare i coefficienti marginali proposti dalla Comunità Europea (Ricardo-AEA DG MOVE, 2014, Update of the Handbook on External Costs of Transport), ipotizzando un trend basato sulla stima della composizione del parco veicolare per tutta la dura-durata dell'orizzonte temporale di analisi.

Anche in questo caso, così come stimato per i gas climalteranti, la Tabella 24 riporta i valori di costo marginale (fonte: Ricardo-AEA DG MOVE, 2014 ed attualizzati al 2016 secondo i valori ISTAT degli indici nazionali dei prezzi al consumo del 2016) medi pesati sia sul parco veicolare italiano (si veda il paragrafo 3.1.3.1) che sulle percorrenze medie annue per classe EURO di emissione (si veda il paragrafo 3.1.3.2).

Emissioni Inquinanti [€ct/vkm a prezzi 2016]		2016	2021	2026	2031	2036	2041	2046	2051
Area urbana[17]	Auto	1,16	0,84	0,69	0,59	0,57	0,56	0,56	0,56
	Veicoli merci[18]	5,25	3,36	2,83	2,48	2,25	2,03	1,95	1,88
	Bus	19,58	16,51	13,08	10,07	7,26	5,45	4,24	2,26
Area suburbana	Auto	0,62	0,44	0,34	0,28	0,26	0,25	0,25	0,25
	Veicoli merci	2,82	1,73	1,43	1,22	1,08	0,94	0,88	0,83
	Bus	13,06	11,10	8,98	7,04	5,19	3,77	2,76	1,05
Area rurale	Auto	0,39	0,27	0,21	0,17	0,16	0,15	0,15	0,15
	Veicoli merci	1,82	1,04	0,82	0,68	0,57	0,47	0,43	0,39
	Bus	9,00	7,55	6,00	4,59	3,28	2,27	1,61	0,51
Autostrada	Auto	0,41	0,28	0,21	0,17	0,16	0,15	0,15	0,15
	Veicoli merci	1,66	0,92	0,71	0,57	0,47	0,37	0,33	0,30
	Bus	7,45	6,18	4,82	3,59	2,49	1,67	1,18	0,38

[17] Ricardo-AEA DG MOVE (2014) definisce: Area urbana - population density of 1.500 inhabitants/kmq; Area suburban - population density of 300 inhabitants/kmq; Area rurale e Autostrada - population density below 150 inhabitants/kmq.

[18] valori medi pesati sul parco italiano dei veicoli merci leggeri (LGV - Light commercial vehicles, with a maximum gross vehicle weight of 3,5 tonnes) e pesanti (HGV).

Tabella 24 - Costi marginali delle emissioni inquinanti medi pesati sia sul parco veicolare italiano che sulle percorrenze medie per classe EURO di emissione (fonte: elab. su dati Ricardo-AEA DG MOVE, 2014; ACI, 2000-2016; ISPRA, 2015; ISTAT, 2016)

Tipologia di treno			Urbano[19]			Suburbano			Rurale	
			Costo Unitario [a prezzi 2016]		Fattore di carico	Costo Unitario [a prezzi 2016]		Fattore di carico	Costo Unitario [a prezzi 2016]		Fattore di carico
			€ct/ pkm €ct/ tkm	€ct/ treno *km	Pax o Tonn.	€ct/ pkm €ct/ tkm	€ct/ treno *km	Pax o Tonn.	€ct/ pkm €ct/ tkm	€ct/ treno *km	Pax o Tonn.
Diesel	Passeggeri	Locomotori	2,99	372,54	125	1,50	186,11	125	0,96	159,94	159
		Treno con vagoni-motrici	2,67	314,42	120	1,18	144,98	120	0,96	114,10	120
	Merci	Locomotori							0,64	333,87	500
Elettrico	Passeggeri	Locomotori	0,86	173,18	195	0,21	45,09	195	0,10	18,06	195
		Elettromotrici tradizionali	1,50	173,18	120	0,43	45,09	120	0,15	18,06	120
		Elettromotrici AV							0,19	30,02	154
	Merci	Locomotori							0,09	45,09	500

Tabella 25 - Costi marginali delle emissioni inquinanti medi pesati per gli utenti delle ferrovie (fonte: elab. su dati Ricardo-AEA DG MOVE, 2014 e ISTAT, 2016)

B.6 Le emissioni sonore

Le emissioni sonore determinano costi sociali e hanno impatti sulla qualità della vita delle popolazioni coinvolte (danneggiando la salute fisica e psicologica). L'impatto del rumore relativo alle attività di trasporto dipende dal luogo e dalla durata delle emissioni, dal tipo di veicolo e dalle sue caratteristiche tecniche. I costi sociali dovuti al rumore sono normalmente dettagliati rispetto al periodo del giorno (diurno o notturno), alla densità di traffico ed al luogo di emissione (urbano, suburbano o rurale, in funzione della densità e del numero di persone esposte). Anche per questi impatti esistono due metodologie di stima:

---

[19] Ricardo-AEA DG MOVE (2014) definisce: Urbano – population density of 1.500 inhabitants/kmq; Suburbano - population density of 300 inhabitants/kmq; Rurale - population density below 150 inhabitants/kmq. For suburban areas, the same unit emission factors as for urban areas are assumed.

1. moltiplicare le quantità di pressione sonora (delta) imputabili al progetto per un costo marginale;
2. moltiplicare le variazioni di veicoli*km prodotte per tipologia di veicolo imputabili al progetto per un costo marginale.

Qualora si volesse implementare il secondo dei due approcci descritti è possibile utilizzare i coefficienti marginali proposti dalla Comunità Europea (Ricardo-AEA DG MOVE, 2014, Update of the Handbook on External Costs of Transport) e riportati nella Tabella 26.

Tipologia di veicolo	Periodo del giorno	Tipologia di traffico	Area urbana[20]	Area suburbana	Area rurale
Autovetture	Giorno	congestionato	9,40	0,53	0,11
		libero	22,86	1,50	0,21
	Notte	congestionato	17,20	0,96	0,11
		libero	41,56	2,67	0,43
Motocicli	Giorno	congestionato	18,91	1,18	0,11
		libero	45,62	2,88	0,43
	Notte	congestionato	34,29	2,03	0,21
		libero	83,23	5,45	0,64
Veicoli merci[21]	Giorno	congestionato	53,33	2,92	0,48
		libero	129,63	8,27	0,97
	Notte	congestionato	97,33	5,46	0,85
		libero	235,96	15,35	1,79
Bus	Giorno	congestionato	47,01	2,56	0,43
		libero	114,32	7,26	0,85
	Notte	congestionato	85,79	4,81	0,75
		libero	208,01	13,57	1,60
Treno passeggeri	Giorno	congestionato	292,09	12,93	16,03
		libero	577,13	25,43	31,73
	Notte		963,24	42,52	52,99
Treno merci	Giorno	congestionato	517,95	25,53	31,94
		libero	0,12	49,47	61,75
	Notte		0,21	83,65	104,38

Tabella 26 - Costi marginali (€ per 1000 veicoli*km a prezzi 2016) delle emissioni sonore (fonte: elaborazione Ricardo-AEA DG MOVE, 2014 e ISTAT, 2016)

---

[20] Ricardo-AEA DG MOVE (2014) definisce: Area urbana - population density of 3.000 inhabitants per km of road length; Area suburbana - population density of 700 inhabitants per km of road length; Area rurale - population density of 500 inhabitants per km of road length. Area and traffic density types are defined by specific assumptions on traffic volume, share of freight transport, distance to road or track, population density, etc.

[21] valori medi pesati sul parco italiano dei veicoli merci leggeri (LGV) e pesanti (HGV).

B.7 L'incidentalità

Gli effetti di un progetto sull'incidentalità stradale possono essere stimati attraverso due distinte metodologie:

1. moltiplicare le quantità di incidenti (le variazioni rispetto al non progetto) imputabili al progetto per un costo marginale (suddividendo tra variazioni stimate di morti e feriti);
2. moltiplicare le variazioni di veicoli*km prodotte imputabili al progetto (che sono direttamente correlate al tasso di incidentalità di una strada) per un costo marginale.

L'applicazione del primo metodo richiede la previsione del numero di incidenti (e della loro gravità) che potrebbero verificarsi negli scenari Progettuali (P) e nel Non Progetto (NP). Tale attività non è sempre di semplice realizzazione a causa del fatto che gli incidenti dipendono da molti fattori e i modelli di previsione degli stessi richiedono molti dati/variabili per essere applicati. Meno complesso è invece il secondo approccio che richiede di correlare i tassi di incidentalità alle variazioni di percorrenze (Δveicoli*km), suddivise per modo di trasporto (es. auto e veicoli merci) e tipologia di infrastruttura (es. autostrada, strade extraurbane, strade urbane).

Qualora si volesse implementare il secondo dei due approcci descritti è possibile utilizzare i coefficienti marginali proposti dalla Comunità Europea (Ricardo-AEA DG MOVE, 2014, Update of the Handbook on External Costs of Transport) attualizzati al 2016 e riassunti nella Tabella 28. Tali coefficienti risultano funzione, oltre che della categoria veicolare (più alti per i veicoli pesanti rispetto a quelli dei veicoli leggeri, a causa della differente frequenza di incidenti e della dannosità che provocano), anche della tipologia di strada (es. sempre per motivi di frequenza degli incidenti e danni correlati).

Incidentalità [€ a prezzi 2016]	
Morto	2.047.001
Ferito grave	263.033
Ferito lieve	20.085

Tabella 27 – Costi marginali associati agli incidenti (fonte: elab. su dati Ricardo-AEA DG MOVE, 2014 e ISTAT, 2016)

Incidentalità [€ct/vkm a prezzi 2016]		
Autostrade[22]	Autovetture	0,11
	Veicoli merci pesanti[23]	2,24
	Motocicli	0,11
Strade extraurbane	Autovetture	0,21
	Veicoli merci pesanti	1,07
	Motociclette	0,21
Strade urbane	Autovetture	0,64
	Veicoli merci pesanti	4,27
	Motocicli	1,60

Tabella 28 - Costi marginali imputabili all'incidentalità medi pesati sul parco veicolare italiano (fonte: elab. su dati Ricardo-AEA DG MOVE, 2014 e ISTAT, 2016)

B.8 La congestione stradale

Oltre alla variazione del "surplus del consumatore" (tempi e costi monetari), che rappresentano i benefici individuali direttamente percepiti dagli utenti del sistema, tra le esternalità del trasporto stradale vi è anche quella che spesso viene chiamata "disutilità pura da traffico" (secondo l'accezione della Comunità Europea), ovvero il contributo che variazioni di domanda provocano alla congestione stradale e quindi alle performance di cui beneficiano gli altri utenti della strada (effetti non individuali). Un esempio è l'impatto che una diminuzione (aumento) di utilizzo di un'infrastruttura (es. a seguito della realizzazione di una nuova autostrada che catturerebbe parte del suo traffico) provoca sulla velocità di attraversamento (e sulla sua affidabilità), per i veicoli che continuano ad utilizzare l'infrastruttura e che di fatto aumenta (diminuisce) l'efficacia di utilizzo della capacità stradale (livello di servizio), circostanza che non viene percepita quando si effettuano le scelte individuali di viaggio (e quindi non sono contemplate nelle variazione di surplus del consumatore). Ovviamente più è alto il grado di saturazione (congestione) di parten-

---

[22] Ricardo-AEA DG MOVE (2014) definisce: Autostrade - Public road with dual carriageways and at least two lanes each way with central barrier or median present throughout the road (the minimum speed is not lower than 50 km/h and the maximum speed is not higher than 130 km/h); Strade extraurbane: road outside urban boundary signs; Strade urbane: road inside urban boundary signs.
[23] veicoli HGV secondo la definizione di Ricardo-AEA DG MOVE (2014).

za di una infrastruttura stradale, maggiore sarà il beneficio (costo) sociale derivante da una riduzione (aumento) di veicoli*km.

Per la stima di tali esternalità si suggerisce di far riferimento all'Update of the Handbook on External Costs of Transport dalla Comunità europea (Ricardo-AEA DG MOVE, 2014) di cui si riportano i valori principali nella Tabella 29.

Tipologia di veicolo	Area territoriale[24]	Tipo di Strada	Flusso libero[25]	Flusso prossimo alla Capacità	Flusso congestionato
			(€ct/vkm)	(€ct/vkm)	(€ct/vkm)
Autovetture	Metropolitana	Autostrada	0,00	28,63	65,70
		Strade principali	0,96	150,96	193,70
		Altre strade	2,67	170,40	259,19
	Urbana	Strade principali	0,64	52,03	80,98
		Altre strade	2,67	148,93	246,26
	Rurale	Autostrada	0,00	14,32	32,91
		Strade principali	0,43	19,55	64,85
		Altre strade	0,21	44,87	148,72
Veicoli merci[26]	Metropolitana	Autostrada	0,00	59,10	135,77
		Strade principali	2,08	311,86	400,01
		Altre strade	5,46	351,94	535,34
	Urbana	Strade principali	1,39	107,42	167,36
		Altre strade	5,46	307,69	508,75
	Rurale	Autostrada	0,00	29,51	67,84
		Strade principali	0,92	40,42	133,92
		Altre strade	0,46	92,70	307,23
Bus	Metropolitana	Autostrada	0,00	71,47	164,32
		Strade principali	2,46	377,46	484,08
		Altre strade	6,62	425,96	647,86
	Urbana	Strade principali	1,71	130,02	202,56
		Altre strade	6,62	372,43	615,70
	Rurale	Autostrada	0,00	35,79	82,16
		Strade principali	1,07	48,93	162,07
		Altre strade	0,53	112,18	371,90

Tabella 29- Costi marginali della congestione stradale (fonte: elab. su dati Ricardo-AEA DG MOVE, 2014 e ISTAT 2014-2016)

---

[24] Ricardo-AEA DG MOVE (2014) definisce: Area Metropolitana - cities with the population > 250.000 people; Area Urbana - population > 10.000 people; Area Rurale - all other areas.
[25] Ricardo-AEA DG MOVE (2014) definisce: Flusso libero quando il rapporto flusso/capacità = 0,75; Flusso prossimo alla Capacità quando il rapporto flusso/capacità è > 0,75 ma < 1; Flusso congestionato quando il rapporto flusso/capacità è > 1.
[26] valori medi pesati sul parco italiano di tutti i veicoli merci pesanti (HGV).

B.9 Gli impatti negli altri settori (processi di up-and downstream)

Gli effetti indiretti dovuti alla produzione di energia, alla costruzione dei veicoli e alle infrastrutture di trasporto causano esternalità (costi o benefici) esterni aggiuntivi rispetto a quelli precedentemente descritti. Tali costi si verificano in altri settori (mercati) differenti da quello dei trasporti (ad esempio nel mercato dell'energia). I processi più rilevanti che andrebbero tenuti in conto sono:

- **produzione di energia (pre-combustione: *well-to-tank emissions*)**: la produzione di tutti i tipi di energia provoca impatti ambientali supplementari dovuti all'estrazione, al trasporto e alla produzione. Questi effetti dipendono direttamente dalla quantità dell'energia utilizzata (es. l'origine della produzione di energia elettrica per la trazione ferroviaria: rinnovabili vs non rinnovabili);
- **costruzione di infrastrutture, manutenzione e smaltimento**: la costruzione, la manutenzione e lo smaltimento di elementi infrastrutturali provoca effetti ambientali (emissioni di sostanze inquinanti e gas ad effetto serra);
- **produzione di veicoli, manutenzione e smaltimento**: la produzione, la manutenzione e lo smaltimento dei veicoli e del materiale rotabile provoca effetti ambientali (emissioni di sostanze inquinanti e gas ad effetto serra).

Anche in questo caso, così come stimato per i gas climalteranti e per le emissioni inquinanti, la Tabella 30 riporta i valori di costo marginale (fonte: Ricardo-AEA DG MOVE, 2014 ed attualizzati al 2016 secondo i valori ISTAT degli indici nazionali dei prezzi al consumo del 2016) medi pesati sia sul parco veicolare italiano (si veda il paragrafo 3.1.3.1) che sulle percorrenze medie annue per classe EURO di emissione (si veda il paragrafo 3.1.3.2). Soltanto per la categoria dei BUS, non avendo a disposizione l'andamento dei km percorsi per le diverse classi EURO di emissione, il costo marginale riportato in tabella è il risultato della media pesata rispetto alla sola composizione del parco circolante.

È bene osservare che per questo impatto, la differenziazione per tipologia di strada riflette solo le differenze nei regimi di velocità

Consenso pubblico ed analisi economico-finanziaria nel "progetto di fattibilità" Linee guida
ed applicazione al progetto della Linea ferroviaria Formia-Gaeta

(consumi) e non di densità della popolazione interessata, poiché si ritiene che questi impatti siano sempre generati in aree a bassa densità abitativa dove usualmente sono localizzate raffinerie, centrali e condotti petroliferi.

Gli impatti in altri settori [€ct/vkm a prezzi 2016]		2016	2026	2036	2046
Circolazione su strade urbane[27]	Auto	1,12	1,09	1,08	1,08
	Veicoli merci[28]	1,52	1,42	1,39	1,37
	Bus	3,49	3,45	3,43	3,42
Circolazione su strade rurali	Auto	0,70	0,69	0,68	0,68
	Veicoli merci	1,03	0,98	0,97	0,97
	Bus	2,53	2,44	2,37	2,37
Circolazione su autostrada	Auto	0,79	0,78	0,78	0,78
	Veicoli merci	1,31	1,29	1,29	1,29
	Bus	2,31	2,22	2,16	2,14
Circolazione su strada media	Auto	0,80	0,79	0,79	0,79
	Veicoli merci	1,18	1,15	1,15	1,15
	Bus	2,82	2,74	2,69	2,67

Tabella 30 – Costi marginali dovuti agli impatti in altri settori (processi di up- and downstream) medi pesati sia sul parco veicolare italiano che sulle percorrenze medie per classe EURO di emissione (fonte: elab. su dati Ricardo-AEA DG MOVE, 2014; ACI, 2000-2016; ISPRA, 2015; ISTAT, 2016)

[27] Ricardo-AEA DG MOVE (2014) definisce: Strade urbane - roads inside urban settlement areas (definition of urban area is country-specific (more than 50.000 inhabitants, in most cases); Autostrade - non-urban motorways with separated lanes and central barrier; Strade rurali - other roads outside urban settlement areas.
[28] Valori medi pesati sul parco italiano dei veicoli merci leggeri (LGV) e pesanti (HGV).

Tipologia di Treno			Costo Unitario [a prezzi 2016] €ct/pkm €ct/tkm
Diesel	Passeggeri	Locomotiva	1,69
		Vagone Ferroviario (unità multiple)	1,18
	Merci	Locomotiva	3,41
Elettrico	Passeggeri	Locomotiva	0,99
		Vagone Ferroviario (unità multiple)	0,79
		Alta Velocità	1,39
	Merci	Locomotiva	1,93

Tabella 31 - Costi marginali dovuti agli impatti in altri settori (processi di up- and downstream) riferiti agli utenti (passeggeri e merci) delle ferrovie (fonte: elab. su dati Ricardo-AEA DG MOVE, 2014 e ISTAT, 2016)

3.3.3 Gli indicatori di prestazione

Una volta definiti e quantificati gli effetti rilevanti per l'analisi in termini monetari, i diversi progetti alternativi vanno confrontati utilizzando gli indicatori di prestazione descritti in precedenza. Di seguito si riportano, a titolo di esempio, i valori stimati nel caso di una nuova infrastruttura autostradale per la quale si vogliano valutare 3 ipotesi di tracciato. Come si può osservare l'ipotesi di tracciato A è quella economicamente più conveniente per quasi tutti gli indicatori sintetici.

È giusto il caso di notare che i risultati di un'analisi economica possono portare ad una scelta diversa da quella della corrispondente analisi finanziaria. Infatti, con riferimento all'esempio numerico riportato, come si può desumere dalla Tabella 32, il tracciato autostradale B è risultato quello più redditizio per un operatore privato (analisi finanziaria), mentre quello A è quello più socialmente utile da implementare (analisi economica).

Indicatore	Tracciato A	Tracciato B	Tracciato C
VAN [Mln €]	1.207	550	428
SRI	12,5%	6,3%	8,4%
B/C	3,5	1,5	1,3
PAYBACK [anni]	13	21	11

Tabella 32 - ESEMPIO NUMERICO: gli indicatori sintetici di valutazione economica

Consenso pubblico ed analisi economico-finanziaria nel "progetto di fattibilità" Linee guida ed applicazione al progetto della Linea ferroviaria Formia-Gaeta

			periodo analisi 30anni		2018	2019	2020	2021
			TOTALI A PREZZI 2016 (r=3%)	TOTALE A PREZZI COSTANTI	1	2	3	4
					Costruzione (a prezzi costanti)			
COSTI	C1. Costi investimento (progettaz. e costruz.)	mEUR	-499,5	-573,8	-57,4	-172,1	-229,5	-114,8
	C2. Costi gestione e manut. ord. e straord.	mEUR	-10,1	-19,1	-0,2	-0,2	-0,2	-0,2
	C3. Valore residuo investimento	mEUR	17,3	42,1				
	TOTALE COSTI (C1+C2+C3)	mEUR	-492,3	-550,8	-57,6	-172,4	-229,7	-115,0
BENEFICI — UTENTI	B1. Benefici percepiti (valore tempo)	mEUR	1.457,0	2.781,8	-21,7	-21,8	-21,9	-22,0
	B2. Benefici percepiti (carburante)	mEUR	95,4	177,1	-0,7	-0,7	-0,7	-0,7
	B3. Benefici non percepiti	mEUR	30,3	55,6	-0,3	-0,3	-0,3	-0,3
BENEFICI — NON UTENTI	B4. Risparmio di congestione	mEUR	17,1	32,3	-0,1	-0,1	-0,1	-0,1
	B5. Riduzione incidentalità	mEUR	11,9	21,8	-0,1	-0,1	-0,1	-0,1
	B6. Riduzione gas climalteranti	mEUR	26,0	47,9	-0,2	-0,2	-0,2	-0,2
	B7. Riduzione emissioni inquinanti	mEUR	15,1	27,7	-0,1	-0,1	-0,1	-0,1
	B8. Riduzione emissioni sonore	mEUR	34,8	64,8	-0,2	-0,2	-0,2	-0,2
	B9. Effetti up and downstream	mEUR	11,7	21,6	-0,1	-0,1	-0,1	-0,1
	TOTALE BENEFICI (B1+B2+B3+B4+B5+B6+B7+B8+B9)	mEUR	1.699,2	3.230,7	-23,7	-23,8	-23,9	-24,0
	BENEFICI - COSTI	mEUR	1.206,9	2.679,9	-81,3	-196,1	-253,6	-139,0

VAN [mEUR]	1.206,9
SRI	12,5%
RAPPORTO B/C	3,5
PAYBACK PERIOD [anni]	13

2022	2023	2024	2025	2026	2027	2028	2029	2030	2031	2032	2033	2034	2035	2036
5	6	7	8	9	10	11	12	13	14	15	16	17	18	19
Gestione e Manutenzione (a prezzi costanti)														
-0,2	-0,2	-0,2	-0,3	-0,3	-0,4	-0,5	-0,5	-0,6	-0,7	-0,7	-0,7	-0,7	-0,7	-0,7
-0,2	-0,2	-0,2	-0,3	-0,3	-0,4	-0,5	-0,5	-0,6	-0,7	-0,7	-0,7	-0,7	-0,7	-0,7
42,9	86,1	86,3	86,6	87,8	89,1	90,4	91,7	93,0	94,3	95,6	96,9	98,3	99,6	99,9
3,1	6,2	6,2	6,2	6,2	6,2	6,2	6,2	6,1	6,1	6,1	6,1	6,1	6,1	6,1
1,1	2,2	2,2	2,2	2,2	2,1	2,1	2,1	2,0	2,0	1,9	1,9	1,9	1,8	1,8
0,5	0,9	0,9	0,9	1,0	1,0	1,0	1,0	1,1	1,1	1,1	1,1	1,1	1,2	1,2
0,5	0,9	0,9	0,9	0,9	0,9	0,9	0,9	0,8	0,8	0,8	0,8	0,0	0,0	0,7
0,9	1,8	1,8	1,8	1,8	1,8	1,7	1,7	1,7	1,7	1,7	1,6	1,6	1,6	1,6
0,6	1,1	1,1	1,0	1,0	1,0	1,0	1,0	1,0	1,0	1,0	1,0	1,0	1,0	1,0
1,1	2,2	2,2	2,2	2,2	2,2	2,2	2,2	2,2	2,2	2,2	2,2	2,2	2,2	2,2
0,4	0,8	0,8	0,8	0,8	0,8	0,8	0,8	0,8	0,8	0,7	0,7	0,7	0,7	0,7
51,0	102,3	102,5	102,7	103,9	105,1	106,3	107,5	108,7	110,0	111,2	112,4	113,0	114,2	115,2
50,8	102,1	102,3	102,5	103,6	104,7	105,8	107,0	108,1	109,3	110,5	111,8	112,3	113,5	114,5

2037	2038	2039	2040	2041	2042	2043	2044	2045	2046	2047	2048	2049	2050	2051
20	21	22	23	24	25	26	27	28	29	30	31	32	33	34
Gestione e Manutenzione (a prezzi costanti)														
-0,7	-0,7	-0,7	-0,7	-0,7	-0,7	-0,7	-0,7	-0,7	-0,7	-0,7	-0,7	-0,7	-0,7	-0,7
														42,1
-0,7	-0,7	-0,7	-0,7	-0,7	-0,7	-0,7	-0,7	-0,7	-0,7	-0,7	-0,7	-0,7	-0,7	41,3
100,1	100,4	100,7	101,0	101,2	101,5	101,8	102,0	102,3	102,6	102,9	103,1	103,4	103,7	104,0
6,1	6,1	6,1	6,1	6,1	6,1	6,1	6,1	6,1	6,1	6,1	6,1	6,1	6,1	6,1
1,8	1,8	1,8	1,8	1,8	1,8	1,8	1,8	1,8	1,8	1,8	1,8	1,8	1,8	1,8
1,2	1,2	1,2	1,2	1,2	1,2	1,2	1,2	1,2	1,2	1,2	1,2	1,2	1,2	1,2
0,7	0,7	0,7	0,7	0,7	0,7	0,7	0,7	0,7	0,7	0,7	0,7	0,7	0,7	0,7
1,6	1,6	1,6	1,6	1,6	1,6	1,6	1,6	1,6	1,6	1,6	1,6	1,6	1,6	1,6
0,9	0,9	0,9	0,9	0,9	0,9	0,9	0,9	0,9	0,9	0,9	0,9	0,9	0,9	0,9
2,2	2,2	2,2	2,2	2,2	2,2	2,2	2,2	2,2	2,2	2,2	2,2	2,2	2,2	2,2
0,7	0,7	0,7	0,7	0,7	0,7	0,7	0,7	0,7	0,7	0,7	0,7	0,7	0,7	0,7
115,5	115,7	116,0	116,3	116,5	116,8	117,1	117,3	117,6	117,9	118,1	118,4	118,7	119,0	119,2
114,7	115,0	115,3	115,5	115,8	116,1	116,3	116,6	116,9	117,1	117,4	117,7	118,0	118,2	160,6

Tabella 33 - ESEMPIO NUMERICO: I risultati dell'ABC per il tracciato A

			periodo analisi 30 anni		2018	2019	2020	2021	2022	2023
			TOTALI A PREZZI 2016 (r=3%)	TOTALE A PREZZI COSTANTI	1	2	3	4	5	6
							Costruzione (a prezzi costanti)			
COSTI	C1. Costi investimento (progettaz. e costruz.)	mEUR	-1.032,9	-1.236,3		-123,6	-247,3	-370,9	-370,9	-123,6
	C2. Costi gestione e manut. ord. e straord.	mEUR	-176,5	-322,7	0,0	-6,8	-6,9	-7,1	-7,1	-7,2
	C3. Valore residuo investimento	mEUR	41,6	100,9						
	TOTALE COSTI (C1+C2+C3)	mEUR	-1.167,8	-1.458,1	0,0	-130,4	-254,1	-377,9	-378,0	-130,9
BENEFICI UTENTI	B1. Benefici percepiti (valore tempo)	mEUR	2.037,2	3.843,8	0,0	0,0	0,0	0,0	0,0	0,0
	B2. Benefici percepiti (carburante)	mEUR	-88,2	-175,4	0,0	0,0	0,0	0,0	0,0	0,0
	B3. Benefici non percepiti	mEUR	-114,8	-224,0	0,0	0,0	0,0	0,0	0,0	0,0
BENEFICI NON UTENTI	B4. Risparmio di congestione	mEUR	20,0	36,5	0,0	0,0	0,0	0,0	0,0	0,0
	B5. Riduzione incidentalità	mEUR	-16,9	-33,3	0,0	0,0	0,0	0,0	0,0	0,0
	B6. Riduzione gas di malteranti	mEUR	-50,5	-98,5	0,0	0,0	0,0	0,0	0,0	0,0
	B7. Riduzione emissioni inquinanti	mEUR	-11,4	-22,2	0,0	0,0	0,0	0,0	0,0	0,0
	B8. Riduzione emissioni sonore	mEUR	-33,8	-68,9	0,0	0,0	0,0	0,0	0,0	0,0
	B9. Effetti up and downstream	mEUR	-24,0	-46,8	0,0	0,0	0,0	0,0	0,0	0,0
	TOTALE BENEFICI (B1+B2+B3+B4+B5+B6+B7+B8+B9)	mEUR	1.717,7	3.211,4	0,0	0,0	0,0	0,0	0,0	0,0
	BENEFICI - COSTI	mEUR	549,9	1.753,4	0,0	-130,4	-254,1	-377,9	-378,0	-130,9

VAN [mEUR]	549,9
SRI	6,3%
RAPPORTO B/C	1,5
PAYBACK PERIOD [anni]	21

2024	2025	2026	2027	2028	2029	2030	2031	2032	2033	2034	2035	2036	2037
7	8	9	10	11	12	13	14	15	16	17	18	19	20
Gestione e Manutenzione (a prezzi costanti)													
-7,3	-7,5	-7,7	-7,7	-7,9	-8,0	-8,8	-9,2	-9,6	-9,9	-10,2	-10,9	-11,1	-11,3
-7,3	-7,5	-7,7	-7,7	-7,9	-8,0	-8,8	-9,2	-9,6	-9,9	-10,2	-10,9	-11,1	-11,3
142,3	142,6	141,7	140,8	139,9	139,0	138,1	137,1	136,2	135,3	134,3	133,4	133,7	134,1
-3,0	-3,0	-3,4	-3,9	-4,3	-4,7	-5,1	-5,6	-6,0	-6,4	-6,8	-7,2	-7,2	-7,2
-5,4	-5,4	-5,7	-6,0	-6,4	-6,7	-7,1	-7,4	-7,8	-8,1	-8,5	-8,8	-8,8	-8,8
1,8	1,8	1,8	1,7	1,7	1,6	1,5	1,5	1,4	1,3	0,6	0,6	1,2	1,2
-0,8	-0,8	-0,9	-0,9	-1,0	-1,1	-1,1	-1,2	-1,2	-1,3	-0,2	-0,2	-1,4	-1,4
-2,3	-2,3	-2,5	-2,6	-2,8	-3,0	-3,1	-3,3	-3,4	-3,6	-3,7	-3,9	-3,9	-3,9
-0,5	-0,5	-0,5	-0,6	-0,6	-0,7	-0,7	-0,8	-0,8	-0,9	-0,9	-1,0	-0,9	-0,9
-0,5	-0,5	-0,8	-1,0	-1,3	-1,5	-1,8	-2,0	-2,3	-2,5	-2,8	-3,0	-3,0	-3,0
-1,1	-1,1	-1,2	-1,3	-1,3	-1,4	-1,5	-1,6	-1,6	-1,7	-1,8	-1,8	-1,8	-1,8
130,3	130,8	128,5	126,1	123,8	121,5	119,1	116,8	114,5	112,1	110,2	108,0	107,8	108,1
123,0	123,3	120,8	118,4	115,9	113,5	110,4	107,6	104,9	102,2	100,0	97,1	96,7	96,8

2038	2039	2040	2041	2042	2043	2044	2045	2046	2047	2048	2049	2050	2051
21	22	23	24	25	26	27	28	29	30	31	32	33	34
Gestione e Manutenzione (a prezzi costanti)													
-11,5	-11,5	-11,5	-11,5	-11,5	-11,5	-11,5	-11,5	-11,5	-11,5	-11,5	-11,5	-11,5	-11,5
													100,9
-11,5	-11,5	-11,5	-11,5	-11,5	-11,5	-11,5	-11,5	-11,5	-11,5	-11,5	-11,5	-11,5	89,5
134,4	134,8	135,2	135,5	135,9	136,2	136,6	137,0	137,4	137,7	138,1	138,5	138,8	139,2
-7,2	-7,2	-7,2	-7,2	-7,2	-7,2	-7,2	-7,2	-7,2	-7,2	-7,2	-7,2	-7,2	-7,2
-8,8	-8,8	-8,8	-8,8	-8,8	-8,8	-8,8	-8,8	-8,8	-8,8	-8,8	-8,8	-8,8	-8,8
1,2	1,2	1,2	1,2	1,2	1,2	1,2	1,2	1,2	1,2	1,2	1,2	1,2	1,2
-1,4	-1,4	-1,4	-1,4	-1,4	-1,4	-1,4	-1,4	-1,4	-1,4	-1,4	-1,4	-1,4	-1,4
-3,9	-3,9	-3,9	-3,9	-3,9	-3,9	-3,9	-3,9	-3,9	-3,9	-3,9	-3,9	-3,9	-3,9
-0,9	-0,9	-0,9	-0,9	-0,9	-0,9	-0,8	-0,8	-0,8	-0,8	-0,8	-0,8	-0,8	-0,8
-3,0	-3,0	-3,0	-3,0	-3,0	-3,0	-3,0	-3,0	-3,0	-3,0	-3,0	-3,0	-3,0	-3,0
-1,8	-1,8	-1,8	-1,8	-1,8	-1,8	-1,8	-1,8	-1,8	-1,8	-1,8	-1,8	-1,8	-1,8
108,5	108,9	109,3	109,6	110,0	110,4	110,8	111,2	111,6	111,9	112,3	112,7	113,1	113,5
97,0	97,4	97,8	98,2	98,6	98,9	99,3	99,7	100,1	100,5	100,8	101,2	101,6	202,9

Tabella 34 - ESEMPIO NUMERICO: I risultati dell'ABC per il tracciato B

Consenso pubblico ed analisi economico-finanziaria nel "progetto di fattibilità" Linee guida ed applicazione al progetto della Linea ferroviaria Formia-Gaeta

			periodo analisi 30 anni		2018	2019	2020	2021	2022	2023	2024
			TOTALI A PREZZI 2016 (r=3%)	TOTALE A PREZZI COSTANTI	1	2	3	4	5	6	7
							Costruzione (a prezzi costanti)				
COSTI	C1. Costi investimento (progettaz. e costruz.)	mEUR	-1.136,7	-1.401,3			-140,1	-280,3	-420,4	-420,4	-140,1
	C2. Costi gestione e manut. ord. e straord.	mEUR	-210,6	-390,0	0,0	0,0	-8.6	-8,8	-8,8	-9,0	-9,2
	C3. Valore residuo investimento	mEUR	48,5	117,8							
	TOTALE COSTI (C1+C2+C3)	mEUR	-1.298,8	-1.673,5	0,0	0,0	-148,7	-289,0	-429,2	-429,4	-149,3
BENEFICI UTENTI	B1. Benefici percepiti (valore tempo)	mEUR	1.532,3	2.320,6	0,0	0,0	0,0	0,0	0,0	0,0	0,0
	B2. Benefici percepiti (carburante)	mEUR	86,0	132,7	0,0	0,0	0,0	0,0	0,0	0,0	0,0
	B3. Benefici non percepiti	mEUR	31,3	49,3	0,0	0,0	0,0	0,0	0,0	0,0	0,0
BENEFICI NON UTENTI	B4. Risparmio di congestione	mEUR	16,7	25,1	0,0	0,0	0,0	0,0	0,0	0,0	0,0
	B5. Riduzione incidentalità	mEUR	8,5	13,1	0,0	0,0	0,0	0,0	0,0	0,0	0,0
	B6. Riduzione gas climalteranti	mEUR	22,6	35,1	0,0	0,0	0,0	0,0	0,0	0,0	0,0
	B7. Riduzione emissioni inquinanti	mEUR	9,0	14,1	0,0	0,0	0,0	0,0	0,0	0,0	0,0
	B8. Riduzione emissioni sonore	mEUR	10,0	16,9	0,0	0,0	0,0	0,0	0,0	0,0	0,0
	B9. Effetti up and downstream	mEUR	10,4	16,1	0,0	0,0	0,0	0,0	0,0	0,0	0,0
	TOTALE BENEFICI (B1+B2+B3+B4+B5+B6+B7+B8+B9)	mEUR	1.726,7	2.623,0	0,0	0,0	0,0	0,0	0,0	0,0	0,0
	BENEFICI - COSTI	mEUR	428,0	949,5	0,0	0,0	-148,7	-289,0	-429,2	-429,4	-149,3

VAN [mEUR]	428,0
SRI	8,4%
RAPPORTO B/C	1,3
PAYBACK PERIOD [anni]	11

2025	2026	2027	2028	2029	2030	2031	2032	2033	2034	2035	2036	2037	2038
8	9	10	11	12	13	14	15	16	17	18	19	20	21
Gestione e Manutenzione (a prezzi costanti)													
-9,3	-9,4	-9,5	-9,7	-9,9	-10,9	-11,3	-11,8	-12,3	-12,8	-13,5	-13,7	-13,9	-14,1
-9,3	-9,4	-9,5	-9,7	-9,9	-10,9	-11,3	-11,8	-12,3	-12,8	-13,5	-13,7	-13,9	-14,1
373,5	338,2	302,7	267,0	231,0	194,9	158,6	122,1	85,4	48,5	11,4	11,5	11,5	11,5
16,9	15,7	14,6	13,5	12,4	11,2	10,1	9,0	7,9	6,8	5,6	0,6	0,6	0,6
5,2	5,0	4,7	4,5	4,3	4,1	3,8	3,6	3,4	3,1	2,9	0,3	0,3	0,3
3,8	3,5	3,2	2,9	2,6	2,3	2,0	1,7	1,4	0,3	0,2	0,1	0,1	0,1
1,7	1,6	1,5	1,4	1,3	1,2	1,1	1,0	0,9	0,1	0,1	0,1	0,1	0,1
4,1	3,9	3,7	3,4	3,2	2,9	2,7	2,5	2,2	2,0	1,7	0,2	0,2	0,2
1,6	1,5	1,4	1,3	1,3	1,2	1,1	1,0	0,9	0,8	0,8	0,1	0,1	0,1
0,7	0,8	0,9	1,0	1,2	1,3	1,4	1,5	1,6	1,7	1,8	0,2	0,2	0,2
1,9	1,8	1,7	1,6	1,5	1,3	1,2	1,1	1,0	0,9	0,8	0,1	0,1	0,1
409,4	372,0	334,4	296,6	258,7	220,5	182,1	143,5	104,8	64,2	25,4	13,0	13,0	13,0
400,1	362,6	324,9	286,9	248,8	209,6	170,8	131,7	92,5	51,4	11,9	-0,7	-0,9	-1,1

2039	2040	2041	2042	2043	2044	2045	2046	2047	2048	2049	2050	2051
22	23	24	25	26	27	28	29	30	31	32	33	34
Gestione e Manutenzione (a prezzi costanti)												
-14,1	-14,1	-14,1	-14,1	-14,1	-14,1	-14,1	-14,1	-14,1	-14,1	-14,1	-14,1	-14,1
												117,8
-14,1	-14,1	-14,1	-14,1	-14,1	-14,1	-14,1	-14,1	-14,1	-14,1	-14,1	-14,1	103,7
11,6	11,6	11,6	11,6	11,7	11,7	11,7	11,8	11,8	11,8	11,8	11,9	11,9
0,6	0,6	0,6	0,6	0,6	0,6	0,6	0,6	0,6	0,6	0,6	0,6	0,6
0,3	0,3	0,3	0,3	0,3	0,3	0,3	0,3	0,3	0,3	0,3	0,3	0,3
0,1	0,1	0,1	0,1	0,1	0,1	0,1	0,1	0,1	0,1	0,1	0,1	0,1
0,1	0,1	0,1	0,1	0,1	0,1	0,1	0,1	0,1	0,1	0,1	0,1	0,1
0,2	0,2	0,2	0,2	0,2	0,2	0,2	0,2	0,2	0,2	0,2	0,2	0,2
0,1	0,1	0,1	0,1	0,1	0,1	0,1	0,1	0,1	0,1	0,1	0,1	0,1
0,2	0,2	0,2	0,2	0,2	0,2	0,2	0,2	0,2	0,2	0,2	0,2	0,2
0,1	0,1	0,1	0,1	0,1	0,1	0,1	0,1	0,1	0,1	0,1	0,1	0,1
13,1	13,1	13,1	13,2	13,2	13,2	13,3	13,3	13,3	13,4	13,4	13,4	13,4
-1,0	-1,0	-1,0	-0,9	-0,9	-0,9	-0,9	-0,8	-0,8	-0,8	-0,7	-0,7	117,1

Tabella 35 - ESEMPIO NUMERICO: I risultati dell'ABC per il tracciato C

3.3.4 I limiti dell'analisi costi-benefici

Se da un lato l'analisi costi-benefici presenta il vantaggio di essere di semplice applicazione pratica e produce risultati quasi sempre conclusivi (è possibile prendere una decisione), dall'altro esistono diverse critiche mosse a questa tipologia di analisi di valutazione e confronto che è possibile sinteticamente riassumere (in maniera non esaustiva) in:

- non sommabilità (impatto sull'equità) degli effetti per i soggetti o gruppi di soggetti, interessati in modo diverso dal progetto (*effetto compensatorio*). Ciò significa che il criterio secondo cui è possibile scegliere di implementare un progetto solo perché ha un VAN (e/o altri indicatori) maggiore di quello relativo alle altre alternative progettuali non è detto che porti sempre ad una scelta equa, nel senso che potrebbe verificarsi che il progetto con VAN maggiore produca impatti negativi (es. aumento dell'inquinamento) per una parte (minoritaria) della popolazione, a fronte di altri maggiori benefici (positivi) per la restante parte dei soggetti coinvolti dal progetto (es. riduzione dell'inquinamento). Per contro, si potrebbe scartare una soluzione progettuale perché ha un VAN minore anche qualora producesse benefici positivi (ma complessivamente minori) per tutta la collettività;
- l'analisi è limitata ai soli effetti (impatti) monetari o monetizzabili. Non tutti gli impatti imputabili ad un progetto di trasporto sono sempre monetizzabili (es. la bellezza architettonica, il comfort di viaggio); inoltre non è sempre semplice (ed oggettivo) valutare il costo sociale unitario per gli impatti non monetari (es. quanto vale un morto sulla strada? Per la famiglia che ha subito la perdita il costo è infinito, per la collettività è quantificato in circa 1,7 milioni di euro).

Per superare in parte questi limiti intrinseci, spesso viene implementata ad integrazione anche un'analisi Multi-Criteri i cui contenuti esulano dagli obiettivi di questo testo (si rimanda alla letteratura di settore).

3.4 L'analisi di sensitività e del rischio

Al fine di verificare la robustezza dei risultati dell'attività di valutazione e confronto di uno o più scenari progettuali, è opportuno
concludere la valutazione (sia essa finanziaria o economica) con
un'analisi di sensitività e del rischio.

L'analisi di sensitività si basa sulla verifica di robustezza delle
ipotesi fatte riguardanti sia le previsioni di traffico che i parametri
monetari o di stima utilizzati (es. tasso di sconto, costo di una tonnel-
lata di CO_2). Tale analisi è sicuramente cruciale per le analisi
economiche per le quali spesso ci si deve accontentare di fare ipotesi
più "deboli" (con maggiore discrezionalità e minore affidabilità delle
stime). Tale analisi di sensitività consiste nell'applicare delle variazioni in positivo e negativo (es. ±10%, ±20%, ±30%) ai
parametri/indicatori/tassi di sconto ipotizzati e valutare se, e in che
misura, cambiano gli indicatori sintetici stimati (es. VAN e SRI). Ad
esempio, se si ipotizza che il progetto A sia risultato preferibile al
progetto B (VAN$_A$ > VAN$_B$), si applica una variazione del 10% al tasso di sconto (un parametro per volta, ma da ripetere per tutti i
parametri/indicatori dell'analisi) verificando: *i*) in che misura (es. il
VAN diminuisce più o meno del 10%?) cambiano gli indicatori (elasticità degli indicatori di valutazione alla variazione imposta); *ii*) se
cambia il risultato del confronto (es. il VAN del progetto B diviene
maggiore di quello relativo al progetto A). Se ad una variazione, ad
esempio del 10%, del tasso di sconto corrisponde una variazione in
valore assoluto del VAN di più del 10% (elasticità maggiore di 1), si
può concludere che il tasso di sconto è una variabile critica; se tale variazione è compresa tra il 3-5% ed il 10% (elasticità minore di 1 e
maggiore di 0,3-0,5) si ritiene che il tasso di sconto sia una variabile
mediamente critica (o "di attenzione"), ed infine se la variazione del
VAN risulta inferiore al 3-5% si ritiene che la variabile è "non critica". Nel caso in cui, a fronte di una variazione imposta per una
variabile, si giunge ad una conclusione differente per l'analisi (es. il
progetto B diviene preferibile a quello A), si può concludere che i risultati del confronto relativo non sono robusti ed occorrono analisi di
maggior dettaglio per meglio comprendere le ragioni di questa manca-
ta robustezza.

Per sviluppare un'analisi di sensitività in genere occorre:
1) **individuare per ogni alternativa progettuale le variabili critiche**, ovvero quelle con elasticità maggiore di 1, per le quali ad una variazione di queste variabili (es. +10%) si ottiene una variazione percentuale (in valore assoluto) del VAN confrontabile o superiore (es. var. % VAN = -8%);
2) **per tutte le variabili risultate critiche, occorre confrontare più in dettaglio le singole alternative progettuali**. Potrebbe infatti capitare che, ad esempio, l'alternativa *second-best* possa essere più stabile rispetto alla *first-best* che invece, per perturbazioni di alcune variabili critiche, potrebbe diventare non più la migliore (o addirittura la peggiore). In questo caso sarebbe più saggio scegliere di implementare la seconda migliore alternativa, soprattutto se presenta indicatori sintetici prossimi a quelli della soluzione *first-best*;
3) talvolta può risultate utile anche **stimare i così detti "valori di rovesciamento"**, ossia le variazioni percentuali di singole variabili critiche che annullano il VAN (es. riducendo i veicoli*km del 25% si annulla il VAN), ovvero gruppi di più variabili critiche che, opportunamente combinate, creano uno **"scenario pessimistico"** per il quale si annulla il VAN (es. riducendo i veicoli*km del 10%, riducendo il valore del tempo del 15% e portando il tasso di sconto dal 3% al 3,5% si annulla il VAN).

In genere una delle prime analisi di sensitività da sviluppare è quella del VAN al tasso di sconto r (si veda l'esempio in Figura 6) che spesso è una delle variabili più critiche e sulle quali si ripone minore fiducia.

Come esempio concreto di analisi di sensitività si può fare riferimento ai risultati dell'analisi costi-benefici relativa alla linea Formia-Gaeta descritti nel Capitolo 5.

Oltre all'analisi di sensitività è opportuno condurre anche un'analisi del rischio che permette di descrivere ed individuare:
– i possibili rischi inerenti al progetto (**individuazione dei rischi**);
– la probabilità e l'impatto potenziale di alcuni rischi (**valutazione del rischio**);
– le possibili alternative/opzioni per il controllo del rischio (**gestione del rischio**).

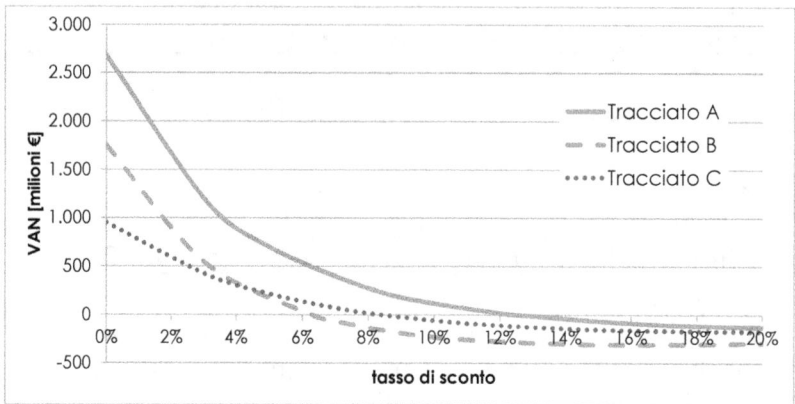

Figura 6 – ESEMPIO DI ANALISI DI SENSITIVITÀ: la variazione del VAN al variare del tasso di sconto

Benché l'analisi del rischio esula dai contenuti del testo[29], nel seguito si riportano alcune note metodologiche funzionali alla sua applicazione. In particolare l'analisi del rischio può essere condotta sia tramite approcci qualitativi che quantitativi. Per entrambi gli approcci la prima fase dell'analisi è inerente l'individuazione di tutti i rischi (dovuti sia all'ambiente esterno che interno) che se valutati come positivi rappresentano delle opportunità, mentre se valutati come negativi rappresentano delle minacce alla qualità/convenienza dell'opera (o di un'alternativa progettuale o di piano).

L'analisi qualitativa del rischio ha la finalità di individuare gli eventuali "eventi avversi" a cui il piano/progetto potrebbe essere soggetto, nonché individuarne possibili azioni di prevenzione o contenimento.

---

[29] Per approfondimenti si faccia riferimento, ad esempio, a:
- Commissione Europea (2014); Guide to Cost-benefit Analysis of Investment Projects, Economic appraisal tool for Cohesion Policy 2014-2020 (paragrafo 2.9)
- Unità di Valutazione, DG Politica Regionale e Coesione, Commissione Europea (2003); Guida all'analisi costi-benefici dei progetti di investimento, Fondi Strutturali, fondi di coesione e ISPA.
- UVAL (2014); Lo studio di fattibilità nei progetti locali realizzati in forma partenariale: una guida e uno strumento.

L'analisi qualitativa del rischio dovrebbe comprendere:
- una lista di "eventi avversi" suddivisi per tipologia di rischio;
- una "matrice del rischio" che permetta di individuare, per ciascun evento avverso: *i*) le possibili cause, *ii*) gli effetti negativi sul piano/progetto; *iii*) i livelli qualitativi di probabilità di accadimento (es. raro, improbabile, probabile, molto probabile); *iv*) la gravità connessa al suo accadimento (moderata, grave, molto grave);
- alcune misure di prevenzione e contenimento.

Gli approcci basati su analisi quantitative del rischio consentono di completare le analisi di sensitività. Infatti, se queste ultime consentono di verificare gli effetti che variazioni percentuali di singole variabili critiche produrrebbero sugli indicatori sintetici, non riescono a quantificare la probabilità che tali variazioni si verifichino nella realtà. Per ovviare a ciò è talvolta opportuno implementare analisi quantitative del rischio che consistono nell'assegnare alle variabili critiche adeguate distribuzioni di probabilità per poi procedere al calcolo della distribuzione di probabilità degli indicatori economici (o finanziari) associati al progetto.

Uno dei modi di procedere può essere quello di procedere, tramite una simulazione "Montecarlo" (per dettagli si veda ad esempio: Mansueto et al., 2007), all'estrazione casuale all'interno dei rispettivi intervalli di definizione, di una serie di valori delle variabili critiche valutando i corrispettivi indicatori economici (o finanziari) del progetto derivanti da ciascun gruppo di valori estratti, avendo cura che la frequenza di presentazione dei valori delle variabili rispetti la distribuzione di probabilità predeterminata. Ripetendo questa procedura per un numero sufficientemente elevato di estrazioni (es. 1.000-1.500 volte) si perverrà ad una stima della distribuzione di probabilità degli indicatori economici (o finanziari). In questo modo sarà possibile:
- assegnare un grado di rischio al progetto: verificando se la probabilità cumulata sia o meno superiore ad un prefissato valore di riferimento (valore critico);
- valutare quale sia la probabilità che il VAN (o altri indicatori sintetici) sia inferiore ad un prefissato valore soglia.

4.0 Verso un processo decisionale condiviso e partecipato: l'importanza del dibattito pubblico per le scelte sui sistemi di trasporto

Un'opera (ma anche un Piano o un Progetto) per la quale si realizza un ampio consenso pubblico ha in genere una maggiore probabilità di essere realizzata. Ma come si ottiene questo consenso? Esperienze concrete suggeriscono che un dibattito pubblico partecipato e ben strutturato può permettere di perseguire questo obiettivo. Il primo esempio di dibattito pubblico al mondo si è probabilmente verificato negli Stati Uniti nel 1969 quando l'approvazione della *National Environmental Policy Act* obbligò le agenzie federali ad interpellare i cittadini su tutti i progetti da finanziare con fondi pubblici. Nel 1989 in Brasile si è verificato il primo esempio (tuttora in vigore) di dibattito pubblico "non normato", ovvero non imposto da una specifica legge o regolamento, in materia di ripartizione delle risorse finanziarie pubbliche nel bilancio annuale nazionale (Bobbio e Lewanski, 2007). L'esempio normativo però ad oggi preso come riferimento (best practices) è sicuramente quello francese del *Débat Public* formalizzato con la legge Barnier nel 1995 a valle delle opposizioni che si verificarono sul progetto della linea ferroviaria AV Lione-Marsiglia.

Anche in Italia ci sono stati esempi di buone pratiche di dibattito pubblico su opere di trasporto come: per il progetto del Sistema della metropolitana regionale della Campania (2000-2010), per il referendum sulla linea tramviaria di Firenze (2008), per la "Gronda di Genova" (2009), o recentemente per il "Passante autostradale di Bologna" (2016).

Il termine anglosassone spesso utilizzato per indicare un dibattito pubblico è quello di **Stakeholder Engagement** o Public Engagement e definisce **il processo e le modalità con cui avvengono le "interazioni" tra decisori, tecnici progettisti e della pianificazione e**

Stakeholders[30] (ovvero i soggetti che hanno un *"hold"*, un interesse specifico, per la posta in gioco *"stake"*). Lo Stakeholder Engagement definisce quindi il meccanismo con cui avviene lo scambio delle informazioni, nonché la promozione delle interazioni tra le parti coinvolte. Il principio alla base dello Stakeholder Engagement è che i portatori di interesse vanno <u>invitati a riflettere su un problema da risolvere, invece che contestare o contrastare una specifica soluzione progettuale.</u>

<u>Un dibattito pubblico può portare ad un miglioramento della qualità della pianificazione/progettazione</u> con riferimento a tutti i soggetti coinvolti nel processo decisionale:

- per le Amministrazioni (i decisori):
  - aumentando la credibilità e la legittimazione attraverso un processo decisionale più trasparente;
  - aumentando il senso di responsabilità ed incrementando l'equità sociale;
- per gli Stakeholders:
  - incontrando maggiormente i bisogni effettivi della collettività;
  - migliorando la sostenibilità dei progetti e quindi potenzialmente la qualità della vita dei cittadini;
- per il progetto nel suo complesso:
  - le interazioni tra differenti gruppi di soggetti (es. competenze multidisciplinari) nonché i differenti punti di vista (es. obiettivi e reali necessità dei portatori di interesse), che in genere emergono nel dibattito, stimolano la ricerca di soluzioni progettuali di maggiore qualità tecnica;
  - le interazioni favoriscono la trasparenza ed aumentano la fiducia della collettività sul progetto;
  - si riduce il rischio di fallimento del progetto dovuto a possibili barriere di consenso, nonché al rischio di aumento

---

[30] Il termine Stakeholder è stato originariamente introdotto nelle discipline economiche ed in particolare nell'ambito delle imprese private allo scopo di tenere in conto del fatto che un'impresa non deve rispondere solo ai gruppi di azionisti (*Shareholders*), che sul piano giuridico sono gli unici ad avere il potere di decisione, ma anche a tutti gli altri gruppi (*Stakeholders*) che, pur non facendo parte dell'impresa, possono essere toccati (influenzati) dalle scelte aziendali.

sia dei costi (es. di progettazione, di realizzazione e per le opere compensative) che dei tempi di realizzazione.

Per contro, esistono anche dei rischi associati ad un dibattito pubblico e che sono sostanzialmente di due tipi: *a*) i possibili portatori di interesse possono essere restii a partecipare al processo perché più facilfacilmente disposti a mobilitarsi contro un progetto ben definito (es. una nuova autostrada), rispetto a partecipare attivamente alla soluzione di un problema (es. come ridurre la congestione stradale?; come aumentare l'accessibilità di un territorio?); *b*) talvolta, vi è il rischio concreto di anticipare le mobilitazioni ad una fase iniziale del progetto, quando ancora questo non è stato compreso e quindi accettato.

Al contrario, il "non fare il dibattito pubblico" può portare a delle **barriere di consenso** contro il progetto dovute sostanzialmente ad un processo decisionale affetto da quella che in letteratura si chiama "sindrome[31]" *DAD – Decide, Announce, Defence* (es. Susskind e Elliot, 1983), ovvero la tendenza secondo cui i decisori (in genere le Amministrazioni) tendono prima a Decidere, poi ad Annunciare il progetto, per poi trovarsi costretti a Difendersi contro gli attacchi per le decisioni prese. Questo significa che anche un progetto di ottima qualità tecnica (al limite il "migliore possibile"), se imposto alla collettività (calato dall'alto), può essere non accettato e quindi rigettato.

È bene precisare che un buon processo di Stakeholder Engagement può anche portare a scegliere una soluzione progettuale "non migliore", ovvero un'alternativa progettuale "soddisfacente" (che quindi persegue comunque gli obiettivi di un processo decisionale razionale e nel rispetto dei vincoli), qualora questa abbia un miglior grado di accettazione (utilità percepita) per la collettività.

L'approccio DAD può a sua volta alimentare altre "sindromi" che possono colpire i portatori di interesse (specialmente le popolazioni direttamente coinvolte dal progetto). La più frequente è nota

---

[31] La scelta di utilizzare nel testo il termine "sindrome" è legata alle numerose analogie di significato che vi sono con questo termine comune riferito alle scienze mediche. Il vocabolario Treccani infatti definisce *"sìndrome s.f. [dal greco συνδρομή ... nel linguaggio medico, termine che, di per sé stesso, ossia senza ulteriori specificazioni, indica un complesso più o meno caratteristico di sintomi, senza però un preciso riferimento alle sue cause e al meccanismo di comparsa, e che può quindi essere espressione di una determinata malattia ...".*

come sindrome *NIMBY - Not In My Back Yard* (es. Susskind e Cruikshank, 1987), ovvero l'idea secondo cui, benché si valuti utile un progetto (es. una nuova autostrada), si ritiene che questo debba essere realizzato *"non nel mio giardino"*, ovvero in qualsiasi luogo diverso dal proprio territorio, per paura di possibili conseguenze negative (es. inquinamento ambientale, rumore, traffico).

Coerentemente con quanto previsto nell'art. 22 del Nuovo Codice degli Appalti è importante che il processo di dibattito pubblico venga realizzato il prima possibile nel processo decisionale ed in particolare venga effettuato già sul progetto di fattibilità, quindi in una fase iniziale della progettazione così da consentire eventuali modifiche e mimigliorie al piano/progetto. É opportuno che le Amministrazioni o gli Enti promotori rendano anche pubblici gli studi preliminari, i progetti di pre-fattibilità e quelli di fattibilità (ove disponibili) al fine di meglio chiarire alla cittadinanza l'idea progettuale che si intende sviluppare con il dibattito pubblico.

4.1 Le fasi del dibattito pubblico

Lo Stakeholder Engagement, a parità di opera (o piano/progetto) e di processo decisionale, può essere condotto con differenti livelli di "profondità" e di partecipazione. È buona norma che in ogni caso venga eseguito secondo 5 fasi, o livelli (elaborati a partire dalla classificazione proposta da Edelenbos e Monnikhof, 2001) preceduti da una serie di attività preliminari:

0. **attività preliminari**: individuazione del coordinatore (responsabile) del processo, definizione dei comitati di lavoro e definizione della durata e delle modalità del processo;
1. **individuazione** degli stakeholders e definizione delle **strategie di engagement**;
2. **ascolto delle esigenze e delle proposte** degli stakeholders per la definizione di obiettivi e strategie di piano/progetto;
3. **divulgazione delle informazioni** riguardanti le idee di piano/progetto;
4. **ascolto delle reazioni e consultazione** con gli stakeholders per la definizione di eventuali variazioni all'idea di base;

5. **partecipazione** degli stakeholders **alla definizione, valutazione e confronto di più alternative** di piano/progetto tra cui scegliere. Al fine di aumentare la credibilità dei risultati nonché il consenso intorno al piano/progetto da realizzare, attività preliminare al processo di dibattito pubblico è l'individuazione di un *responsabile del confronto*, ovvero un soggetto terzo a cui affidare il coordinamento del processo e che avrà anche il compito di rendere pubblici gli esiti della consultazione, riportando i resoconti degli incontri e dei dibattiti con i soggetti portatori di interesse.

Al fine di rendere tutto il processo di qualità, trasparente ed imparziale è opportuno inoltre definire specifici comitati di lavoro che parteciperanno attivamente a tutte le fasi del processo:

- *comitato di indirizzo*, composto dai rappresentati delle istituzioni direttamente interessate (es. tavoli istituzionali tra Ministero dei Trasporti, Presidenti delle Regioni e Sindaci dei Comuni coinvolti);
- *comitato scientifico*, ovvero uno o più soggetti di chiara fama in materia di pianificazione dei trasporti (es. docenti universitari) che avvalorino le metodologie e le attività tecniche proposte;
- *comitato operativo*, composto da tecnici esperti sul progetto che operativamente portino avanti la redazione del piano/progetto (es. tecnici professionisti di settore, studiosi accademici, assessori ai trasporti dei Comuni coinvolti, funzionari comunali, ecc.).

In genere un dibattito pubblico deve durare un tempo congruo con le finalità applicative del piano/progetto. Ed è in questa fase che va definita tale durata temporale che sarà cura del coordinatore del processo fare in modo che venga rispettata. Generalmente per piani/progetti di tipo strategico e tattico, è buona norma che le **consultazioni si chiudano entro 4 mesi**. Per piani/progetti di breve periodo, benché non risulta necessario spesso procedere a consultazioni pubbliche, qualora si ritenga utile procedere con questo processo partecipato, si può ritenere accettabile anche un orizzonte temporale inferiore (es. 2 mesi).

Definiti coordinatore, comitati e durata delle consultazioni, nella prima fase del dibattito pubblico, in funzione della tipologia di piano/progetto da discutere, saranno individuati i gruppi di stakeholders da coinvolgere nel processo e le differenti modalità con cui coinvolgerli (strategie di "ingaggio"). Questa attività sarà svolta congiuntamente tra il coordinatore del processo e i comitati di indirizzo e scientifico individuati. Esistono diverse metodologie per l'individuazione degli stakeholders. Una delle più diffuse e più semplici da implementare prevede di classificare i potenziali portatori di interesse secondo: *i*) la loro capacità di influenzare le scelte (ovvero il "potere" che si ha sul piano/progetto); *ii*) il loro interesse sul piano/progetto (Gardner et al., 1986; Cascetta et al., 2015). Ipotizzando due differenti livelli per ciascuno dei precedenti criteri di classificazione (es. basso e alto) è quindi possibile definire una matrice potere-interesse (Tabella 36) che di fatto permette di classificare tutti gli stakeholders in quattro distinte categorie:

- **gli stakeholders chiave**: coloro che hanno alto interesse e alto potere nei confronti del piano/progetto e che quindi hanno sia la capacità che la volontà di partecipare al processo decisionale. Esempi sono i Sindaci dei Comuni coinvolti da scelte alla scala regionale o nazionale (es. una nuova linea AV o una nuova autostrada che attraversa più Comuni italiani) o anche gli investitori privati (es. le Banche) che, finanziando un'opera, hanno interesse e potere di influenzare le decisioni;

- **gli stakeholders istituzionali**: coloro che hanno basso interesse nei confronti del piano/progetto ma (potenzialmente) alto potere di agevolare (es. influenzando l'opinione pubblica) o ostacolare le decisioni prese. Un esempio sono le Soprintendenze Archeologia, Belle Arti e Paesaggio che hanno in genere poco interesse in un piano/progetto specifico, ma potenzialmente hanno il potere di "veto" qualora risultassero interventi o ritrovamenti nella sfera dell'archeologia o del paesaggio. Altri esempi sono gli *opinion leader* (es. giornali, media), ovvero tutti i soggetti che grazie alla propria notorietà sono in grado di dominare o guidare (o rappresentare) l'opinione pubblica e quindi, anche se non direttamente interessati al piano/progetto, potrebbero esercitare il loro potere di "veto";

- **gli stakeholders operativi**: coloro che hanno alto interesse ma basso potere. Questa categoria è rappresentata da soggetti che hanno grande interesse in un piano/progetto (es. gli utenti del sistema di trasporto) ma che non hanno i mezzi e gli strumenti (il potere) per far valere i propri interessi;

- **gli stakeholders marginali**: che hanno <u>basso interesse</u> e <u>basso potere</u> e che quindi vengono interessati solo marginalmente dal piano/progetto. Esempi di questi stakeholders potrebbero essere (in alcuni casi) i cittadini di un Comune confinante con quello che sta redigendo un Piano urbano della mobilità sostenibile che sicuramente non hanno potere di influenzare il piano ma che potrebbero anche non avere alcun interesse a farlo non fruendo dei servizi di trasporto oggetto dell'intervento.

Gli stakeholders possono essere coinvolti nel processo di dibattito pubblico in maniera differente (tecniche differenti) e con differenti livelli (intensità) di coinvolgimento. Alcuni esempi di strategie di engagement sono: *i)* il coinvolgimento diretto; *ii)* l'individuazione e l'informazione; *iii)* l'ascolto attivo; *iv)* l'informazione e la comunicazione. Per ciascuna delle quattro categorie di stakeholders precedentemente definite è possibile utilizzare differenti strategie di "ingaggio" (Tabella 37). Ad esempio gli stakeholders chiave è opportuno che vengano coinvolti in maniera diretta, ovvero sin dalle prime fasi, dalla definizione degli obiettivi sino alla partecipazione alla scelta delle alternative di piano/progetto da realizzare. Gli stakeholders istituzionali, non avendo particolare interesse sul piano/progetto, è bene che vengano individuati nelle fasi iniziali del processo (dimenticarsi di coinvolgere una di queste categorie può portare a delle barriere istituzionali[32]) e sistematicamente informati sul piano/progetto durante tutto il processo decisionale e di dibattito pubblico. Gli stakeholders operativi è bene che vengano ascoltati in maniera attiva, ovvero prendendo concretamente in considerazione nel processo i lori bisogni e pareri riguardanti il piano/progetto. Questi sono spesso gli utenti del sistema che in parte diventeranno utilizzatori degli interventi previsti nel piano/progetto ed è quindi op-

---

[32] Una barriera è un elemento che impedisce al processo decisionale di completarsi e quindi di prendere decisioni (o ne limita la portata rallentando il processo). Spesso sono il risultato di interessi conflittuali e derivano da elementi "esterni" al processo decisionale. Tra queste, le barriere istituzionali riguardano problemi che nascono dalla distribuzione delle competenze tra le istituzioni e gli enti amministrativi.

portuno tenerli debitamente in conto. Infine, vi sono gli stakeholders marginali che, come detto, sono quelli meno interessati al piano/progetto e per i quali è sufficiente prevedere un'adeguata informazione e comunicazione degli esiti del processo decisionale e di dibattito pubblico.

La seconda fase del dibattito pubblico è l'**ascolto** delle esigenze, dei timori e delle proposte degli stakeholders. L'ascolto può avvenire, ad esempio, tramite delle campagne di indagine o direttamente tramite tavoli di consultazione o tavoli tecnici con i stakeholders individuati. Questa fase, coordinata dal responsabile del processo, è implementata dal comitato operativo sotto la supervisione metodologica del comitato scientifico. È in questa fase che emergono quelli che saranno poi gli obiettivi del piano/progetto volti a risolvere le criticità emerse in questa fase (es. bassa qualità della vita, elevati livelli di inquinamento, congestione stradale, bassa qualità del trasporto collettivo).

Il terzo livello dello Stakeholder Engagement è la **divulgazione** delle informazioni. In questa fase, il comitato operativo si occupa di fornire agli stakeholders tutte le informazioni utili relative all'idea di piano/progetto (e quindi non di alternative progettuali già definite/decise) che il decisore intende implementare al fine di fornire tutti gli elementi utili per stimolare reazioni e proposte costruttive. Per divulgare le informazioni è possibile utilizzare differenti strumenti di comunicazione, come le campagne pubblicitarie trasmesse in TV e sul web o tramite riunione pubbliche aperte alla cittadinanza.

MATRICE POTERE/INTERESSE		
POTERE — **ALTO**	Stakeholders Istituzionali	Stakeholders Chiave
POTERE — **BASSO**	Stakeholders Marginali	Stakeholders Operativi
	BASSO	**ALTO**
	INTERESSE	

Tabella 36 – La matrice potere-interesse per la classificazione ed individuazione degli stakeholders (fonte: elaborazione su classificazione proposta da Gardner et al., 1986)

LE STRATEGIE DI COINVOLGIMENTO		
POTERE / **ALTO**	Individuazione ed informazione	Coinvolgimento diretto
POTERE / **BASSO**	Informazione e comunicazione	Ascolto attivo
	BASSO	**ALTO**
	INTERESSE	

Tabella 37 – Le strategie di coinvolgimento nel dibattito pubblico per le differenti categorie di stakeholders

L'ascolto delle reazioni e la **consultazione** con gli stakeholders rappresenta la quarta fase del dibattito pubblico. Questa attività risulta molto importante perché permette di individuare eventuali variazioni nell'idea di piano/progetto iniziale, prima di avviare la fase di definizione delle alternative progettuali. Vista l'importanza di questa fase, è opportuno che vi partecipino tutti i comitati di lavoro individuati. È in questa fase che elementi nuovi e differenti punti di vista possono essere tenuti esplicitamente in conto. Ad esempio, con riferimento alla progettazione di una nuova linea metropolitana, un possibile risultato costruttivo di questa fase del processo potrebbe essere quella di decidere di introdurre nell'idea progettuale di una nuova linea anche la riqualificazione urbana delle aree direttamente interessate (modifica dell'idea progettuale) e questo prima di individuare le ipotesi di tracciato e di stazioni che invece risulterebbero poi vincolanti rispetto a modifiche dell'idea progettuale.

L'ultimo livello del dibattito pubblico è la **partecipazione** degli stakeholders alla definizione prima e alla valutazione e confronto poi di più alternative di piano/progetto tra cui scegliere. In questa fase vi è un'attiva interazione tra i tecnici della pianificazione (comitato operativo) ed i portatori di interesse. In questa fase è prevista anche la partecipazione sia del comitato scientifico, che fornisce il supporto metodologico, sia del comitato di indirizzo, che deve vigilare affinché vengano perseguiti gli obiettivi delle Amministrazioni coinvolte. È in questa fase che i progettisti recepiscono i punti di vista degli stakeholders emersi nei precedenti livelli al fine di meglio formulare le alternative di piano/progetto prima della sua approvazione (decisione) e quindi realizzazione. Questa fase di solito presenta più retroazioni, ovvero le ipotesi di piano/progetto formulate dai tecnici vengono modificate o integrate in tutto o in parte dagli stakeholders, per poi essere riprogettate dai tecnici sino a convergere (dopo più iterazioni tecnici-decisori-stakeholders) ad una soluzione "soddisfacente" per tutti i soggetti coinvolti, che si decide quindi di implementare. In questa fase, i gruppi direttamente interessati diventano quindi partners nella definizione del piano/progetto e nella sua successiva implementazione, partecipano al processo decisionale. Le forme con cui può avvenire la partecipazione possono essere di vario tipo, da tavoli tecnici sino a referendum approvativi di soluzioni progettuali specifiche (un esempio italiano è stato il referendum sulla linea tramviaria di Firenze del 2008).

Per implementare le cinque fasi del dibattito pubblico possono essere utilizzati differenti strumenti, quali: materiale informativo, indagini, eventi, tavoli tematici, conferenze e votazioni. Nella Tabella 38 è schematizzata una possibile matrice strumento-fase dello Stakeholder Engagement.

Infine, è giusto il caso di precisare che nella pratica operativa, talvolta, alcuni dei cinque livelli del dibattito pubblico introdotti tendono a sovrapporsi (unirsi). Ad esempio spesso le fasi di ascolto e divulgazione vengono accorpate in un'unica fase in cui con un'unica campagna d'indagine si divulgano le informazioni circa l'idea di piano/progetto e si ascoltano le esigenze della collettività.

Consenso pubblico ed analisi economico-finanziaria nel "progetto di fattibilità" Linee guida ed applicazione al progetto della Linea ferroviaria Formia-Gaeta

Strumenti del dibattito pubblico		Fasi del dibattito pubblico				
		Individuazione	Ascolto	Divulgazione	Consultazione	Partecipazione
Materiale informativo	Stampa, TV, Social, Web, forum/chat	■		■		■
Indagini	Questionari, interviste a testimoni privilegiati (chiave)	■	■	■	■	
Eventi	Mostre, incontri pubblici		■	■		
Tavoli tematici	Tavoli di Concertazione, Focus Group			■	■	■
Conferenze	Convegni, workshop				■	■
Votazioni	Referendum					■

Tabella 38 – I principali strumenti del dibattito pubblico: la matrice strumento-fase

4.2 Il quadro normativo europeo sul dibattito pubblico[33]

Negli ultimi decenni in Europa si è diffuso sempre più il Public Engagement come strumento migliorativo del processo decisionale. Nonostante ciò solo in pochi Paesi esistono norme specifiche che regolamentano le fasi e la durata del dibattito pubblico. Tra i Paesi europei più all'avanguardia in questo settore ci sono sicuramente la Francia, con il suo *Débat Public*, ed il Regno Unito, con il *Code of Practice on Consultation*, anche se esempi concreti vi sono anche in Spagna, con il *Estudio Informativo*, ed in Germania.

Il *Débat Public* in Francia è stato formalizzato nel 1995 con la legge Barnier ed ha l'obiettivo di istituire un dibattito pubblico all'inizio delle fasi decisionali (già dagli studi di fattibilità) per i grandi progetti di interesse nazionale. In particolare è istituita un'autorità amministrativa indipendente, la *Commission Nationale du Débat Public*, composta da 21 membri che ricevono l'incarico dal parlamento di svolgere un dibattito pubblico. I compiti della *Commission* sono:

- analizzare la documentazione del progetto fornita dal proponente;
- fissare un calendario preciso di convocazione di assemblee fissando i temi da dibattere. Il dibattito dura al massimo 4 mesi, solo in alcuni casi si può prolungare di altri 2 (Bobbio, 2006);
- gestire i dibattiti pubblici.

La legge Barnier fornisce l'elenco delle opere per le quali risulta obbligatorio il dibattito pubblico e quelle per cui è solo consigliato. La suddivisione è definita in funzione del costo dell'opera, dell'interesse nazionale, degli impatti socio-economici e territoriali.

L'esigenza di emanare una legge per regolare il processo decisionale scaturì a seguito alle grandi proteste del 1990 contro la realizzazione della linea ad Alta Velocità del TGV *Mediterranée* tra Lione e Marsiglia. Il tracciato così come era stato definito inizialmente avrebbe portato, secondo la popolazione direttamente interessata, danni ai residenti, agli agricoltori e ai produttori di vino. Nel 1991 venne così istituito un comitato, incaricato di raccogliere e valutare informazioni /proposte, ed una commissione di monitoraggio formata da un gruppo di esperti (economisti e geografi). La commissione, i

---

[33] Per uno stato dell'arte dettagliato si faccia riferimento a: Cascetta E., Pagliara F. (2015), Le infrastrutture di trasporto in Italia: cosa non ha funzionato e come porvi rimedio, Aracne.

comitati, i rappresentanti delle organizzazioni esistenti, i sindacati degli agricoltori ed i tecnici progettisti si incontrarono in numerose assemblee con cadenza mensile. Durante questi incontri emerse l'esigenza sia di potenziare la rete esistente sia di definire un nuovo tracciato che potesse risolvere i problemi emersi.

Nel Regno Unito il *Code of Practice on Consultation* è stato introdotto per la prima volta nel 2000 e poi revisionato nel 2008. L'obiettivo fu quello di garantire un processo decisionale condiviso, accessibile a tutti i cittadini, semplice e veloce, al fine di non intralciare (rallentare) la programmazione e la realizzazione delle opere. Il *Code of Practice on Consultation* rappresenta in sostanza delle linee guida che definiscono le modalità e le tempistiche degli incontri da eseguire per sviluppare un corretto processo decisionale condiviso. Il Codice e i criteri non hanno valore giuridico-legale e non possono prevalere sulle norme di legge, ma si applicano a tutte le consultazioni pubbliche del Regno Unito, incluse quelle sulle direttive dell'UE; tutti gli organismi pubblici ministeriali e le autorità locali sono incoraggiati ad adottare questo codice.

La consultazioni possono avvenire tramite diverse modalità (es. telematica o cartacea) e devono avere una durata variabile da un minimo di dodici settimane ad un massimo di trenta settimane. È nominato un coordinatore che vigila sulle modalità di svolgimento delle consultazioni e sulla sua efficacia. Durante gli incontri si devono chiarire quali sono le decisioni che non possono essere modificate (es. a causa di vincoli normativi) ed i rischi/costi del non fare (ovvero del non decidere); vi è la possibilità di porre domande e si ha diritto a risposte in tempi prestabiliti e certi. I documenti relativi al progetto devono essere accessibili a tutti. I riassunti degli incontri e le analisi delle risposte ai quesiti emersi devono essere pubblicati (sul web) e fruibili a tutti. Non è definito a priori in quale fase del processo decisionale è più opportuno convocare l'assemblea, ma dipende dalla tipologia di progetto e da quando vi è l'effettiva possibilità di influenzare l'esito di una scelta politica.

5.0 La riqualificazione della linea ferroviaria Formia - Gaeta quale esempio di infrastruttura utile, snella e condivisa

La tratta ferroviaria Formia-Gaeta è parte della linea Sparanise-Gaeta, linea storica italiana le cui vicende risultano tanto antiche quanto complesse e tortuose. Aperta nel 1892, fu gravemente danneggiata alla fine della seconda guerra mondiale e restò chiusa per molti anni. L'esercizio riaprì nel 1954 ma, a causa del boom automobilistico di quegli anni, perse gran parte della sua frequentazione sino alla sua chiusura definitiva nel 1981. Nel 2008 furono avviati i lavori di ripristino, arrivando a riqualificare 6 dei 9 km di tracciato (ad oggi mancano gli ultimi 3 km dal centro intermodale alla stazione di Gaeta).

Questo collegamento ferroviario rappresenta oggi un'importante opportunità di riqualificazione per i territori di Formia e Gaeta, risultando un'infrastruttura di rilevanza sia locale, potendo potenzialmente servire gran parte della domanda di pendolari, ma anche regionale e nazionale, risultando il territorio di Formia e Gaeta un'area a forte vocazione turistico-ricreativa e che, soprattutto nei mesi estivi, attrae flussi di vacanzieri da Lazio e Campania, che di fatto contribuiscono in maniera determinante a sovraccaricare la viabilità stradale già gravemente congestionata dell'area.

A partire da queste considerazioni, si è quindi deciso di valutare la convenienza economico-sociale della riqualificazione della linea Formia-Gaeta ritenendola un esempio di infrastruttura di trasporto utile per la collettività, snella (ovvero poco costosa) e condivisa dai territori coinvolti. Per fare ciò, al fine di redigere un'analisi di fattibilità il più possibile rigorosa ed obiettiva, si è proceduto, secondo quanto previsto dalla recente normativa in materia di pianificazione dei trasporti (Allegato Infrastrutturale al Documento di Economia e Finanza 2016; Il Nuovo Codice degli Appalti - D.lgs. n. 50/2016), alla redazione della **prima fase del "progetto di fattibilità"**, tramite l'applicazione delle linee guida descritte nei precedenti capitoli. In particolare, con riferimento a quelle che la normativa chiama *"grandi opere"*, ovvero quelle che richiedono investimenti superiori ai 10 milioni di euro, e secondo quanto previsto nei decreti attuativi del Nuovo Codice degli Appalti (D.lgs. n. 50 del 2016), si è proceduto a sviluppare le seguenti attività tecniche:

- inquadramento territoriale e socio-economico;
- analisi dell'offerta di trasporto attuale e di non intervento (ovvero quella tendenziale considerando tutti gli interventi invarianti già programmati e/o previsti nel periodo di analisi);
- definizione della soluzione progettuale da valutare, definendone le caratteristiche tecnico-funzionali e gestionali ed i tempi di realizzazione;
- analisi dei costi di investimento, gestione e manutenzione;
- stime di traffico, ovvero analisi della domanda attuale, di non intervento e prevista;
- analisi costi-benefici per valutare la fattibilità economica dell'opera, attraverso la stima degli impatti socio-economici, territoriali ed ambientali;
- analisi di sensitività al fine di valutare la "robustezza" della soluzione progettuale individuata.

Come meglio descritto nei successivi paragrafi, i risultati delle valutazioni condotte permettono di concludere che la riqualificazione di questa linea risulta economicamente conveniente (rapporto benefici/costi = 1,7) ripagandosi in soli 15 anni di esercizio (*pay-back period*).

5.1 Inquadramento territoriale e offerta di trasporto

I comuni di Formia e Gaeta sono ad oggi collegati tramite l'ex SS213, ora strada regionale SR213, più conosciuta come "Via Flacca". Percorrendo la SR213 in direzione Est ci si collega alla SS7 ed alla sua variante SS7qtr da cui è possibile raggiungere l'autostrada A1 ed in particolare i caselli di Cassino, San Vittore e Capua. Percorrendo la SR213 in direzione Ovest si attraversa la città di Gaeta e, costeggiando gli stabilimenti balneari, si raggiunge Sperlonga e quindi Terracina. Percorrendo invece la SS7 denominata anche "Via Appia" in direzione Nord-Ovest si raggiunge Itri, quindi Fondi e ci si allaccia alla SS637, o strada provinciale Fondi-Lenola, che rappresenta il collegamento più veloce per raggiungere Frosinone e quindi l'autostrada A1.

I territori di Formia e Gaeta sono caratterizzati da centri abitati densi di attività commerciali e ricreative attive tutto l'anno. In particolare, nel periodo estivo quest'area diventa un'ambita meta turistica nonché crocevia per raggiungere le isole pontine.

Figura 7 – Rete stradale tra Formia e Gaeta (fonte: elaborazione a partire da Google Map)

Con riferimento all'offerta di sosta, la città di Formia conta circa 3 mila posti auto ad una distanza inferiore a 1,5 km dalla stazione ferroviaria, di cui circa mille concentrati in due parcheggi multipiano e sul piazzale del porto Vespucci. Diversi sono anche gli stalli per la sosta a bordo strada nonché i parcheggi privati che spesso offrono anche un servizio di navetta gratuita verso il porto e la stazione. Per contro, la città di Gaeta ad oggi offre circa 5 mila posti auto a distanza inferiore a 1,5 km dalla posizione della stazione storica della linea ferroviaria. Di questi, quasi il 15% sono gestiti dai lidi balneari presenti sulla spiaggia di Serapo, circa il 20% sono comunali e localizzati nei pressi del tracciato della linea ferroviaria, quasi il 40% sono stalli a bordo strada ed il restante 25% sono parcheggi privati.

Con riferimento all'offerta di trasporto collettivo su gomma, la società COTRAL S.p.A. (società pubblica con socio unico la Regione Lazio) gestisce i collegamenti tra i due comuni. Il servizio è suddiviso in tre linee caratterizzate da oltre 100 corse di andata e ritorno nei giorni feriali e circa 90 nei giorni pre-festivi e festivi (Tabella 39).

Origine	Destinazione	Distanza (km)	Corse giorni feriali (A/R)	Corse giorni pre-festivi e festivi (A/R)
Gaeta (P.za Traniello)	Formia (St. FS)	9,7	18	17
Gaeta (P.za Traniello)	Formia (P.le Vespucci)	9,3	31	17
Gaeta (P.za Traniello)	Formia (P.za Mattei)	8,7	2	2
Gaeta (P.za Traniello)	Cassino (via Formia)	50	3	3
Formia (St. FS)	Gaeta (P.za Traniello)	9,7	21	17
Formia (P.le Vespucci)	Gaeta (P.za Traniello)	9,3	27	27
Formia (P.za Mattei)	Gaeta (P.za Traniello)	8,7	2	2
Cassino	Gaeta (P.za Traniello)	50	4	4
Totale corse / giorno			108	89

Tabella 39 - L'offerta di trasporto pubblico per i collegamenti bus tra Formia e Gaeta (fonte www.cotralspa.it)

5.2 Il progetto della linea ferroviaria Formia-Gaeta[34]

La tratta ferroviaria Formia-Gaeta è parte della linea Sparanise-Gaeta, la cui storia risulta tanto antica quanto complessa e tortuosa. L'apertura della linea, a scartamento normale (1.435 mm) e a binario singolo, risale al 3 maggio 1892 quando partì il primo treno (ad uso esclusivo per le autorità) dalla stazione Sparanise alle 7:30 che sarebbe poi giunto alla stazione di Gaeta alle 11:30. Dal giorno seguente iniziò sin da subito il servizio di linea passeggeri.

La tratta iniziale, dalla stazione di Sparanise, correva parallelamente alla linea Napoli-Cassino-Roma, da cui si distaccava all'altezza del Bivio Gaeta dopo circa 3 km puntando ad Ovest lungo il percorso della Via Appia, poi verso la zona pedemontana di SS. Cosma e Damiano, attraversando prima Minturno e Formia per poi raggiungere la stazione di Gaeta dopo un percorso lungo complessivamente 59 km. Per tale opera ferroviaria furono realizzate imponenti opere civili, tra cui la più imponente fu sicuramente il Viadotto del Pontone (detto anche "dei 25 Ponti"), situato fra Formia e Gaeta e costituito da 25 arcate da 12 metri ciascuna (Figura 11).

Sotto la gestione di Rete Mediterranea, la linea fu molto utilizzata sia per il trasporto passeggeri che per quello delle merci e nonostante le sole tre corse/giorno iniziali che poi furono aumentate a quattro dopo poco tempo. Il tempo di viaggio variava dalle 2,5 ore alle 3,0 ore. I primi convogli che circolavano sulla linea erano locomotori a vapore del gruppo 600, per poi essere sostituiti a partire dal 1936 dalle automotrici diesel Fiat ALn56.

Nel 1897 l'area comprendente la stazione di Gaeta divenne parte del nuovo Comune di Elena e per tale motivo la stazione terminale della linea modificò la sua denominazione in Gaeta-Elena, nomenclatura che restò immutata sino al 1927.

Il 1° luglio del 1905 la gestione della linea passò alle Ferrovie dello Stato. Negli anni '50 e '60 il servizio passeggeri consisteva in 16 corse/giorno di andata e ritorno sulla tratta Formia-Gaeta e 5 corse/giorno sulla tratta Minturno-Formia.

---

[34] Luigi De Crescenzo ha fornito tutto il materiale illustrativo (foto storiche e ritagli di giornale tratti da www.facebook.com/ferroviaformiagaeta/) riportato nel presente paragrafo ed ha contribuito alla ricostruzione storica della linea Formia-Gaeta.

Alla fine della seconda guerra mondiale, per ostacolare la risalita degli "alleati", i Tedeschi distrussero 21 delle 25 arcate del Viadotto del Pontone, interrompendo il servizio (Figura 20, Figura 21, Figura 22 e Figura 23), che restò tale per circa 10 anni.

I lavori per il ripristino della linea iniziarono nel 1949 (Figura 25) e l'esercizio riprese il 1° gennaio 1954 quando venne riaperta all'esercizio la tratta Formia-Gaeta (Figura 26). Sfortunatamente il boom automobilistico di quegli anni ridusse drasticamente la frequentazione della linea. Si racconta che nel 1956 a Carinola, la stazione della linea più frequentata all'epoca, venivano venduti mediamente solo 30 biglietti/giorno. Il traffico merci continuò in parte ad utilizzare la linea, anche grazie alla presenza nelle vicinanze della ferrovia di diverse aziende anche di grosse dimensioni (ad esempio la vetreria e l'azienda di sanitari di Gaeta). Fu così che il 23 marzo 1957, dopo solo tre anni dalla sua riattivazione, la tratta Formia-Sparanise venne chiusa all'esercizio e sostituita da un servizio di linea su gomma sostitutivo.

Negli anni '60 venne presentato un progetto di collegamento della stazione di Gaeta con il porto mediante una galleria, che però non venne mai approvato e finanziato. Successivamente, nel 1966, nonostante le forti opposizioni della popolazione, anche il servizio ferroviario tra Formia e Gaeta fu sospeso e sostituito con un servizio su gomma gestito da FS. Il trasporto delle merci continuò fino al 1° luglio del 1981 quando, con la chiusura della vetreria di Gaeta, l'esercizio fu definitivamente interrotto (Figura 30).

106 - Sparanise-Gaeta

SPARANISE								
7	Maiorisi							
10	4	Carinol.						
14	8	5	Cascano					
18	12	9	4	Sessa Superiore				
27	21	18	13	9	Cellole (3)			
40	34	31	27	23	11	MINTURNO-SCAURI (1)		
51	45	41	37	33	21	11	FORMIA (2)	
60	54	50	46	42	30	20	10	Gaeta

(1) Punto di diramazione fra le stazioni verso Napoli-Mergellina e quelle verso Sparanise.

(2) Punto di diramazione fra la stazione di Gaeta e quelle verso Itri e verso Napoli-Mergellina e punto di diramazione fra le stazioni verso Sparanise e quelle verso Itri.

(3) Non è punto di allacciamento agli effetti del computo delle distanze.

Figura 8 – Le distanze tra le stazioni della linea Sparanise-Gaeta

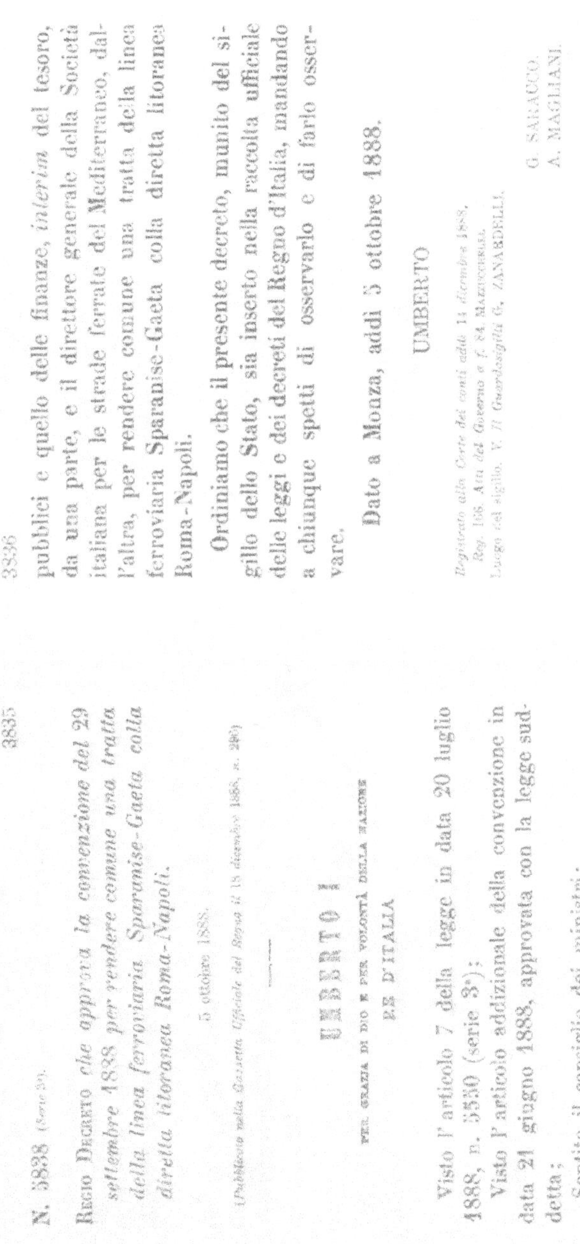

3835

N. 3835 (Serie 3ª)

REGIO DECRETO che approva la convenzione del 29 settembre 1888 per rendere comune una tratta della linea ferroviaria Sparanise-Gaeta colla diretta litoranea Roma-Napoli.

5 ottobre 1888.

(Pubblicato nella Gazzetta Ufficiale del Regno il 18 dicembre 1888, n. 296)

UMBERTO

PER GRAZIA DI DIO E PER VOLONTÀ DELLA NAZIONE

RE D'ITALIA

Visto l'articolo 7 della legge in data 20 luglio 1888, n. 5540 (serie 3ª);

Visto l'articolo addizionale della convenzione in data 21 giugno 1888, approvata con la legge suddetta;

Sentito il consiglio dei ministri;

Sulla proposta dei Nostri ministri segretari di Stato pei lavori pubblici e per le finanze;

Abbiamo decretato e decretiamo:

Articolo unico.

È approvata l'unita convenzione in data 29 settembre 1888, stipulata fra il ministro dei lavori pubblici e quello delle finanze, interim del tesoro, da una parte, e il direttore generale della Società italiana per le strade ferrate del Mediterraneo, dall'altra, per rendere comune una tratta della linea ferroviaria Sparanise-Gaeta colla diretta litoranea Roma-Napoli.

Ordiniamo che il presente decreto, munito del sigillo dello Stato, sia inserto nella raccolta ufficiale delle leggi e dei decreti del Regno d'Italia, mandando a chiunque spetti di osservarlo e di farlo osservare.

Dato a Monza, addì 5 ottobre 1888.

UMBERTO

Registrato alla Corte dei conti addì 14 dicembre 1888.
Reg. 108 Atti del Governo a f. 84 SALVADORELLI.
Luogo del sigillo. V. Il Guardasigilli G. ZANARDELLI.

G. SARACCO.
A. MAGLIANI.

Figura 9 – Regio decreto che approva la convenzione per rendere comune una tratta della linea Sparanise-Gaeta con la diretta Roma-Napoli litoranea

Consenso pubblico ed analisi economico-finanziaria nel "progetto di fattibilità" Linee guida ed applicazione al progetto della Linea ferroviaria Formia-Gaeta

Figura 10 – Cartolina emblematica dell'epoca

Figura 11 – Passaggio di una locomotiva a vapore sul Viadotto del Pontone, detto anche "dei 25 Ponti"

Figura 12 – La stazione ferroviaria di Formia - inizi del '900

Figura 13 – La stazione ferroviaria di Formia - inizi del '900

Consenso pubblico ed analisi economico-finanziaria nel "progetto di fattibilità" Linee guida ed applicazione al progetto della Linea ferroviaria Formia-Gaeta

Figura 14 – La stazione ferroviaria di Gaeta, al tempo conosciuta come Gaeta-Elena - inizi del '900

Figura 15 – La stazione ferroviaria di Gaeta, al tempo conosciuta come Gaeta-Elena – inizi del '900

GAETA-ELENA - Stazione Ferroviaria con treno in partenza

Figura 16 – La stazione ferroviaria di Gaeta, al tempo conosciuta come Gaeta-Elena - inizi del '900

Figura 17 – Una foto storica della linea Formia-Gaeta – inizi del '900

Consenso pubblico ed analisi economico-finanziaria nel "progetto di fattibilità" Linee guida ed applicazione al progetto della Linea ferroviaria Formia-Gaeta

(S) (Esercizio Economico) SPARANISE-GAETA ELENA (15 novembre 1906)

PREZZI 1 cl.	3 cl.	k.	STAZIONI (p. 116)	3522 mist 1 e 3	6608 m.ev. 1 e 3	2526 omn 1 e 3	2528 omn 1 e 3	PREZZI 1 cl.	3 cl.	k.	STAZIONI	3521 mist 1 e 3	6607 m.ev. 1 e 3	3525 omn 1 e 3	3527 omn 1 e 3	
0 45	0 25	7	Sparanise ? p.	7 35	12 55	18 30	20 55	L. c.	L. c.		Gaeta Elena p.	4 35	7 10	12 40	18 . 5	...
0 60	0 30	10	Maiorisi.....	7 50	12 55	16 45	21 10	0.55	0 30	3	Formia	4 55	7 36	18 5	18 26	...
0 85	0 45	14	Carinola......	8 2	13 12	16 55	21 20	1 20	0 60	20	Minturno	5 16	8 6	13 25	18 45	...
1 05	0 55	18	Cascano	8 14	13 27	17 7	21 32	1 70	0 85	27	Ss.Cosma e D.C	5 33	8 28	13 43	19 1	...
1 55	0 80	26	Cellole Fasani	8 26	13 45	17 21	21 46	2 10	1 05	33	Cellole Fasani	5 51	8 53	14 3	19	...
1 95	1	33	Ss.Cosma e D.C	8 49	14 9	17 40	22 5	2 60	1 30	42	Sessa Aurunca	6 14	9 22	14 28	19 42	...
2 35	1 20	40	Minturno.....	9 25	14 51	18 12	22 37	3	1 50	50	Cascano......	6 24	9 36	14 36	19 52	...
3	1 50	51	Formia	9 45	15 26	18 30	22 55	3 20	1 60	54	Carinola......	6 37	9 54	14 49	20	...
8 50	1 75	60	Gaeta-Elena a.	10 6	15 50	18 52	23 15	8 50	1 75	60	Maiorisi.....	6 47	10 6	14 59	20 14	...
											Sparanise 7 a.	7	10 20	15 12	20 27	...

321 (S) Formia-Sparanise (14 novembre 1933)

A 501 autom. 2 e 3	A 503 autom. 2 e 3	A 505 autom. 2 e 3	A 507 autom. 2 e 3	A 509 autom. 2 e 3	Dist. Km.		A 500 autom. 2 e 3	A 502 autom. 2 e 3	A 504 autom. 2 e 3	AT506 autom. 2 e 3	AT508 autom. 2 e 3
450	858	1224	1509	1750	p. Formia ✕ (319, 320, 321bis) a.		816	1139	1503	1733	2021
459	907	1233	1518	1759	a. } 11 Minturno-Scauri .... p.		806	1129	1453	1723	2011
500	908	1236	1519	1800	p. } (319, 320) a.		805	1128	1452	1722	2010
509	918	1246	1528	1810	18 Castelforte-Suio Terme.. ▲		758	1121	1445	1715	2003
517	926	1255	1536	1819	26 Cellole-Fasani		749	1112	1436	1706	1954
528	937	1307	1547	1829	33 Sessa Superiore		741	1104	1428	1658	1946
537	946	1316	1556	1838	37 Cascano		735	1057	1422	1651	1940
543	952	1322	1603	1844	41 Carinola.............		724	1046	1411	1640	1929
548	957	1327	1608	1849	45 Maiorisi.............		719	1041	1405	1635	1924
554	1003	1333	1614	1855	a. 51 Sparanise ✕ (322, 323).. p.		710	1034	1359	1628	1917

321 bis (S) Gaeta-Formia (14 novembre 1933)

Dist. Km		A 573 autom. 2 e 3	A 575 autom. 2 e 3	A 577 autom. 2 e 3	A 579 autom. 2 e 3	A 581 autom. 2 e 3	A 583 autom. 2 e 3	A 585 autom. 2 e 3	A 587 autom. 2 e 3	A 589 autom. 2 e 3	A 591 autom. 2 e 3	A 593 autom. 2 e 3	A 595 autom. 2 e 3	A 597 autom. 2 e 3	A 599 autom. 2 e 3
»	Gaeta ... p.	516	641	748	853	944	1115	1250	1400	1433	1722	1818	1935	2125	2253
9	Formia ✕ a.	525	650	757	902	953	1124	1259	1403	1442	1731	1827	1944	2134	2302

Dist. Km	(319, 320, 312)	A 574 autom. 2 e 3	A 576 autom. 2 e 3	A 578 autom. 2 e 3	A 580 autom. 2 e 3	A 582 autom. 2 e 3	A 584 autom. 2 e 3	A 586 autom. 2 e 3	A 588 autom. 2 e 3	A 590 autom. 2 e 3	A 592 autom. 2 e 3	A 594 autom. 2 e 3	A 596 autom. 2 e 3	A 598 autom. 2 e 3	A 600 autom. 2 e 3
»	Formia ✕ p.	504	600	738	843	911	958	1144	1338	1422	1700	1749	1841	1955	2208
9	Gaeta ... a.	513	609	747	852	920	1007	1153	1347	1431	1709	1758	1850	2004	2217

331 (S) Gaeta-Formia (19 dicembre 1954)

K.Dist.		A271 autom. 2 e 3	A273 autom. 2 e 3	A275 autom. 2 e 3	A277 autom. 2 e 3	A279 autom. 2 e 3	A297 autom. 2 e 3	A281 autom. 2 e 3	A283 autom. 2 e 3	A285 autom. 2 e 3	A287 autom. 2 e 3	A289 autom. 2 e 3	A291 autom. 2 e 3
»	Gaeta .... p.	520	600	745	849	1150	1335	1402	1638	1750	1828	1928	2022
9	Formia (330, 332) .. a.	530	610	755	859	1200	1345	1412	1648	1800	1838	1938	2032

K.Dist.		A272 autom. 2 e 3	A274 autom. 2 e 3	A276 autom. 2 e 3	A278 autom. 2 e 3	A296 autom. 2 e 3	A280 autom. 2 e 3	A282 autom. 2 e 3	A284 autom. 2 e 3	A286 autom. 2 e 3	A288 autom. 2 e 3	A290 autom. 2 e 3	A292 autom. 2 e 3
»	Formia (330, 332) ... p.	542	725	836	935	1240	1350	1445	1722	1812	1853	1950	2128
9	Gaeta .... a.	552	735	846	945	1250	1400	1455	1732	1822	1903	2000	2138

Figura 18 – Orari dei servizi ferroviari tra Formia e Gaeta nel 1906, 1933 e 1954

Figura 19 – La linea Formia-Gaeta durante il periodo bellico

Figura 20 – Il bombardamento del Viadotto "dei 25 Ponti"

Figura 21 – Il Viadotto "dei 25 Ponti" dopo il bombardamento

Figura 22 – Il Viadotto "dei 25 Ponti" dopo il bombardamento

Figura 23 – Il Viadotto "dei 25 Ponti" dopo il bombardamento

Figura 24 – Il Viadotto "dei 25 Ponti" dopo il bombardamento

Consenso pubblico ed analisi economico-finanziaria nel "progetto di fattibilità" Linee guida ed applicazione al progetto della Linea ferroviaria Formia-Gaeta

Figura 25 – La ricostruzione del Viadotto "dei 25 Ponti"

Figura 26 –L'ultimazione dei lavori di ricostruzione del Viadotto "dei 25 Ponti" (1954)

Il piano del governo per i « rami secchi» del Lazio

«Tagliati» 700 chilometri di ferrovie

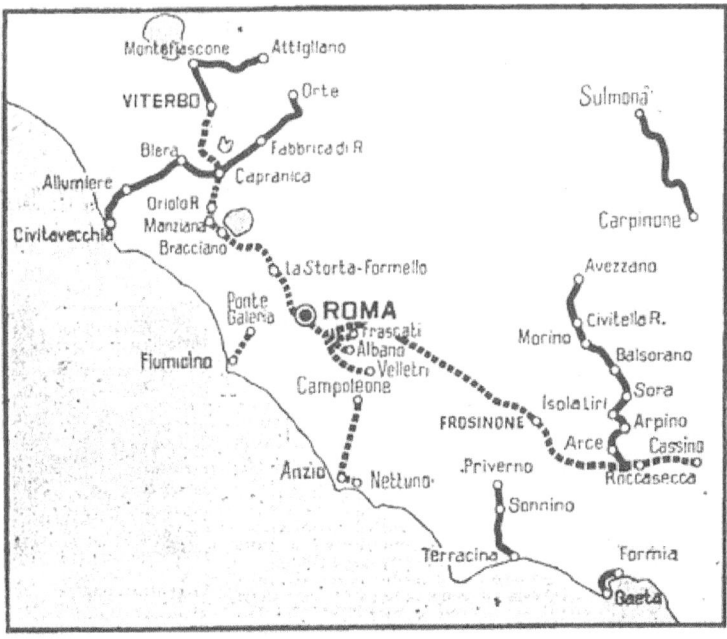

Mentre Nenni continua a discutere con i sindacati, si sta portando avanti nella pratica il progetto del direttore generale delle FF.SS. dottor Renzetti, che in realtà è il progetto del governo. Abbiamo appreso che soltanto nel Compartimento di Roma il taglio dei cosiddetti « rami secchi » prevede l'immediata abolizione delle linee Avezzano-Roccasecca; Sulmona-Carpinone; Civitavecchia-Orte; Viterbo-Attigliano; Formia-Gaeta;

Priverno-Terracina (per un totale di 353 chilometri) e l'eliminazione, entro cinque anni, delle linee Campoleone-Nettuno; Ponte Galeria-Fiumicino; Roma-Capranica-Viterbo; Roma-Cassino; Roma-Castelli (per un totale di 366 chilometri).

In tal modo si verrebbe ad accentuare il carattere di « transito » del Compartimento ferroviario di Roma (attualmente figura al primo posto per il « transito

carri » e soltanto al dodicesimo per il « carico-merci »). Il taglio dei « rami secchi » è già in fase di attuazione attraverso la riduzione delle corse dei treni e la trasformazione di alcune stazioni in assuntorie (nelle quali non si rilasciano biglietti).

Nel grafico: con la linea continua sono segnate le linee che verranno eliminate subito; con la linea tratteggiata le altre.

Figura 27 – La Regione Lazio annuncia la soppressione della tratta ferroviaria Formia-Gaeta (9 Aprile 1965)

Consenso pubblico ed analisi economico-finanziaria nel "progetto di fattibilità" Linee guida ed applicazione al progetto della Linea ferroviaria Formia-Gaeta

Pubblicazione mensile L. 150 · Abbonamento annuo L. 1.600   N. 2 - Anno I - Novembre 1974

GOLFO-FLASH

rivista di cronache ed informazioni del golfo di gaeta

Direttore DANTE PIGNATIELLO | Redazione: Gaeta Via delle Rose, 10 · Casella Postale 20 · Telefono 41312 · 41162 | Autorizzazione Tribunale di Latina n. 256 del 4 Ottobre 1974

Una premessa per la realizzazione della metropolitana del Golfo

SI RIAPRE LA FERROVIA GAETA - FORMIA?

Il progetto all'esame del Consiglio di Amministrazione delle F.S. - Intanto la provincia di Frosinone chiede che la linea allacci il Porto di Gaeta alla zona industriale della Ciociaria, con la costruzione di un nuovo tratto tra Minturno ed Isola Liri - Il problema inquadrato nel piano dello sviluppo dei trasporti pubblici nel comprensorio industriale dell'intero Basso Lazio.

Quando dieci anni fa il Ministero dei Trasporti, con un provvedimento antisociale ed antieconomico che suona ancora vendetta, decise l'abolizione del servizio ferroviario sulla linea Gaeta-Formia, venne senz'altro commesso un grosso errore di valutazione delle prospettive di sviluppo della zona, anticipando, con un atto discriminante, la crisi dei trasporti pubblici, ormai dilagante ovunque. Dopo i soprusi dei governi regi, che spogliarono la città di strutture, enti ed uffici, Gaeta subiva così, anche in regime democratico, un nuovo attentato alle sue prerogative civiche. A nulla valsero le proteste e le dimostrazioni e la ferrovia — una delle più antiche tra il Lazio e la Campania — fu gettata in pasto alle ortiche. Ma il tempo si incarica sempre di far valere la ragione ed è così che la nuova situazione, creata dallo sviluppo economico, industriale, commerciale e marittimo della città, ha riportato di attualità la funzione della linea ferroviaria a Gaeta. E' di questi giorni infatti una richiesta della Giunta Municipale per la riattivazione del servizio ferroviario tra Gaeta e Formia, richiesta che è tesa all'esame del Consiglio di Amministrazione delle F.S., che non potrà fare a meno di valutarne l'attualità, senza venir meno alle istanze che si levano da tutta Italia per lo sviluppo dei servizi pubblici e dei trasporti in particolare, dopo la crisi energetica. Al posto delle carrozze ferroviarie, il servizio passeggeri tra le stazioni

Figura 28 – Proposta di riattivazione della linea ferrovia Formia-Gaeta (Novembre 1974)

GAETA / Proposta la riattivazione della ferrovia con Formia

Il treno dei desideri

GAETA — Il problema della riattivazione della linea ferroviaria Gaeta-Formia — soppressa da un trentennio nel quadro della sconsiderata politica dei trasporti attuata dalle Ferrovie dello Stato, con la eliminazione dei cosiddetti «rami secchi» — è stato risollevato in un documento della Democrazia Cristiana della città, diretto per conoscenza al senatore Guido Bernardi, Presidente della Commissione Lavori Pubblici e Comunicazioni del Senato.

Nel documento viene sottolineata l'esigenza del ripristino del servizio viaggiatori su rotaia, per riequilibrare il collegamento tra le due città che ora avviene su strada, con tutti i disagi e i costi del servizio Acotral e con un aggravio dell'intasamento della rete stradale interna ed esterna di Gaeta e di Formia, due centri alle prese con i problemi del traffico stradale che il transito nord-sud ha reso drammatici.

Nel documento viene ipotizzata la creazione di un «consorzio» tra i Comuni interessati, la Regione Lazio e l'Acotral, anziché, come sarebbe logico, la richiesta istituzionale alle Ferrovie dello Stato di ripristinare un servizio dovuto, anche in considerazione della creazione della prevista e programmata linea ferroviaria di collegamento del Porto di Gaeta con la rete nazionale. di una «Metropolitana» intercomunale o, come secondo ipotesi, l'apertura di una nuova arteria viaria di collegamento tra Gaeta e la via Appia le quindi con Formia, Itri e Fondi che consentirebbe di dimezzare il traffico stradale che ora intasa l'attuale percorso.

Nell'una e nell'altra ipotesi si aprirebbe la possibilità di un loro uso diversificato.

Dante Pignatiello

Figura 29 – Proposta di riattivazione della linea ferrovia Formia-Gaeta come metropolitana locale ed ipotesi di costituzione di un Consorzio Agropontino

---

IL TEMPO

31 Marzo 1981

Dopo il servizio passeggeri abolito anche quello merci

Disattivazione totale per la stazione di Gaeta

Il nuovo provvedimento penalizza ulteriormente i 30 mila abitanti della città. Per ogni operazione ferroviaria bisogna recarsi a Formia - Una punizione?

Un nuovo drastico provvedimento è stato adottato dalla amministrazione delle Ferrovie dello Stato ai danni di Gaeta. Dal 1 aprile sarà completamente disabilitata la stazione ferroviaria della città anche per il servizio merci, l'unico che era rimasto attivo dopo l'abolizione del servizio passeggeri decretato dieci anni fa.

Il nuovo provvedimento comunicato con telegramma dalla direzione compartimentale di Roma penalizza ulteriormente i 30.000 abitanti della città, le sue componenti economiche, le strutture sociali pubbliche e private, e reca un ulteriore colpo ai servizi pubblici come quello dei trasporti, le cui passività su tutto il territorio nazionale sembra proprio dipendano secondo l'amministrazione ferroviaria, dalla linea Gaeta-Formia.

Il nuovo colpo di mano è stato attuato proprio mentre sono in atto richieste a tutti i livelli per il completo ripristino di tutti i servizi, com-

preso quello dei viaggiatori sulla stessa linea, congelando nuovamente le speranze dei cittadini e degli utenti che giornalmente sono costrette, per prendere il treno a Formia, a viaggiare, dopo lunghi tempi di attesa, come sardine sulle irregolari linee autostradali dell'Acotral, il cui costo di gestione sembra sia di molto superiore a quelli delle linee su rotaia.

La triste notizia è giunta come una doccia fredda a Gaeta, dove si è in attesa delle risposte che il Ministro dei Trasporti -il socialista on. Formica— avrebbe dovuto dare alle interrogazioni parlamentari presentate in proposito dai deputati repubblicani Mammì e Dutto. Ma forse la risposta del ministro è stata anticipata negativamente ed è questa: alla richiesta di riattivazione del servizio passeggeri sulla ferrovia Gaeta-Formia si tagliano le gambe ordinando invece la completa disattivazione anche degli altri servizi. Quindi anche quello delle merci, per cui i cit-

tadini di Gaeta dovranno sobbarcarsi ulteriori incombenze di tempo e di spese per spedire e ricevere merci e prodotti, recandosi fino alla stazione ferroviaria di Formia a 10 chilometri di distanza. Il provvedimento che nella città viene definito punitivo, va in vigore il giorno 1 del prossimo mese, ma non è un pesce d'aprile bensì un nuovo atto di destabilizzazione economica ai danni di Gaeta, e quindi del sud, di quel sud tanto caro a parole ai politici di ogni colore dai quali la città si attende ora gli interventi e le reazioni opportune, se queste ci saranno. Diversamente si aprirà la strada a Gaeta ad un atto di protesta clamoroso già preannunciato questa sera da un comitato cittadino a disertare le prossime elezioni amministrative comunali che si terranno a Gaeta nel mese di giugno e per le quali i partiti politici sono già tutti presi dalle diatribe e dalle polemiche, nelle quali il problema della ferrovia non è neanche minimamente sfiorato.

Figura 30 – Chiusura definitiva del collegamento ferroviario Formia-Gaeta anche al trasporto delle merci (31 Marzo 1981)

Nel 2005 viene presentato un progetto per la linea ferroviaria Formia-Gaeta che prevedeva la riqualificazione del tracciato di 9,2 km (Figura 31 e Figura 32), l'elettrificazione dell'intera linea, la realizzazione di un parcheggio multipiano e la costruzione di tre stazioni intermedie, ad un costo totale valutato in euro 34.788.618,50.

A seguito del D.G.R. n. 151 del 21 dicembre 2002 del Piano d'Area di attuazione dell'Asse III viene stanziato un primo finanziamento di circa 8,8 milioni di euro con il quale iniziano i lavori di ripristino della tratta Formia-Gaeta per il primo segmento del tracciato (2/3 della lunghezza totale), dalla stazione di Formia sino al nuovo Centro Intermodale in località Bevano-Gaeta, comprendendo la perfetta messa in funzionalità del Viadotto del Pontone ("dei 25 ponti"). I lavori di ripristino della prima tratta sono stati realizzati e completati dal Consorzio per lo Sviluppo Industriale Sud Pontino.

La tratta finale della linea, ovvero quella sino alla stazione di Gaeta, risulta ad oggi teoricamente ancora armata anche se non più utilizzabile in quanto l'asfalto ed il degrado del tempo ne hanno ricoperto i binari in più punti. Successivamente è stato poi programmato un secondo finanziamento per i restanti euro 26.012.120,50 necessari per il completamento e l'elettrificazione dell'intera tratta, la realizzazione di un parcheggio multipiano, nonché la costruzione di tre stazioni intermedie. La programmazione del finanziamento prevedeva la seguente ripartizione per la copertura finanziaria:

- € 3.000.000,00 a valere sulla delibera CIPE n. 138/2000;
- € 3.000.000,00 a valere sulla delibera CIPE n. 3/2006;
- € 19.812.120,50 a valere su fondi del bilancio regionale, cap. D44519 "Anticipazione fondi FAS per interventi in materia di pendolarismo" di cui € 4.000.000,00 sull'annata 2008, € 13.000.000,00 sull'annualità 2009 ed € 2.812.120,50 sull'annualità 2010.

Tale secondo finanziamento deriva dall'Accordo di Programma Quadro "Infrastrutture Ferroviarie e Centri Merci" (APQ2)-III Accordo Integrativo, di cui alla Deliberazione della Giunta regionale Lazio n. 373 del 18 aprile 2008, sottoscritto tra la Regione Lazio, il Ministero dello Sviluppo Economico ed il Ministero delle Infrastrutture in data 18 giugno 2008, che prevedeva l'intervento denominato "Riattivazione della ferrovia regionale Formia Centro intermodale – Gaeta Centro". Successivamente con nota n. 206136 del 21 novembre 2008, il Direttore del dipartimento Territorio della Regione Lazio rappresentava al Consorzio Sud Pontino la volontà dell'Amministrazione di gestire direttamente la fase di realizzazione del completamento dell'opera, e pertanto, in data 30 dicembre 2009 veniva pubblicato sulla GURI il bando di gara n. 153 per l'affidamento delle suddette opere. Detto bando veniva successivamente annullato con determina n. B0763 del 18 febbraio 2010 della Regione Lazio, e la stessa Regione, nel frattempo commissariata per il debito in materia di sanità, perdeva il finanziamento.

In data 20 marzo 2013, l'opera della Regione Lazio ritornava nella competenza del Consorzio. Per la riattivazione della linea, lunga circa 9 km di cui 6 già realizzati, è necessario riqualificare l'ultimo tratto di circa 3 km, che va dal centro intermodale alla stazione di Gaeta. Inoltre, è stata prevista una nuova stazione intermedia passante, denominata "Bevano". Il Consiglio Regionale del Lazio approvava infine alcuni o.d.g. collegati al bilancio 2015-2016 dove si conferma la validità del progetto e di impegnare la Regione ad individuare con il Consorzio linee di finanziamento (Ministero – UE) per completare l'opera.

In questi anni numerose sono state le richieste da parte del territorio di portare a completamento l'opera (Figura 33) che appare strategica per un territorio sia produttivo che turistico come quello di Forma e Gaeta e che ad oggi presenta enormi problemi di congestione stradale.

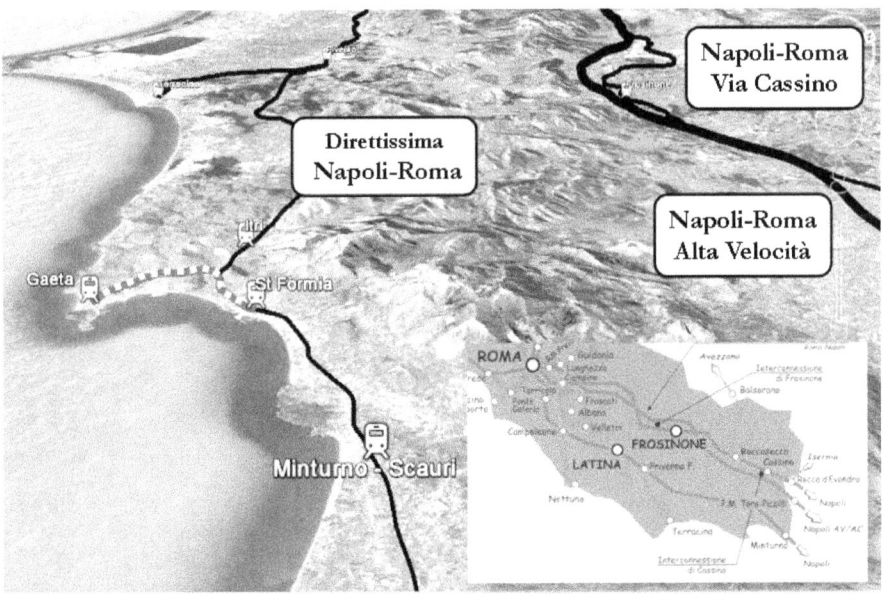

Figura 31 – La linea Formia-Gaeta nel sistema ferroviario regionale e nazionale (fonte: elaborazione a partire da immagini di Google Earth)

Consenso pubblico ed analisi economico-finanziaria nel "progetto di fattibilità" Linee guida ed applicazione al progetto della Linea ferroviaria Formia-Gaeta

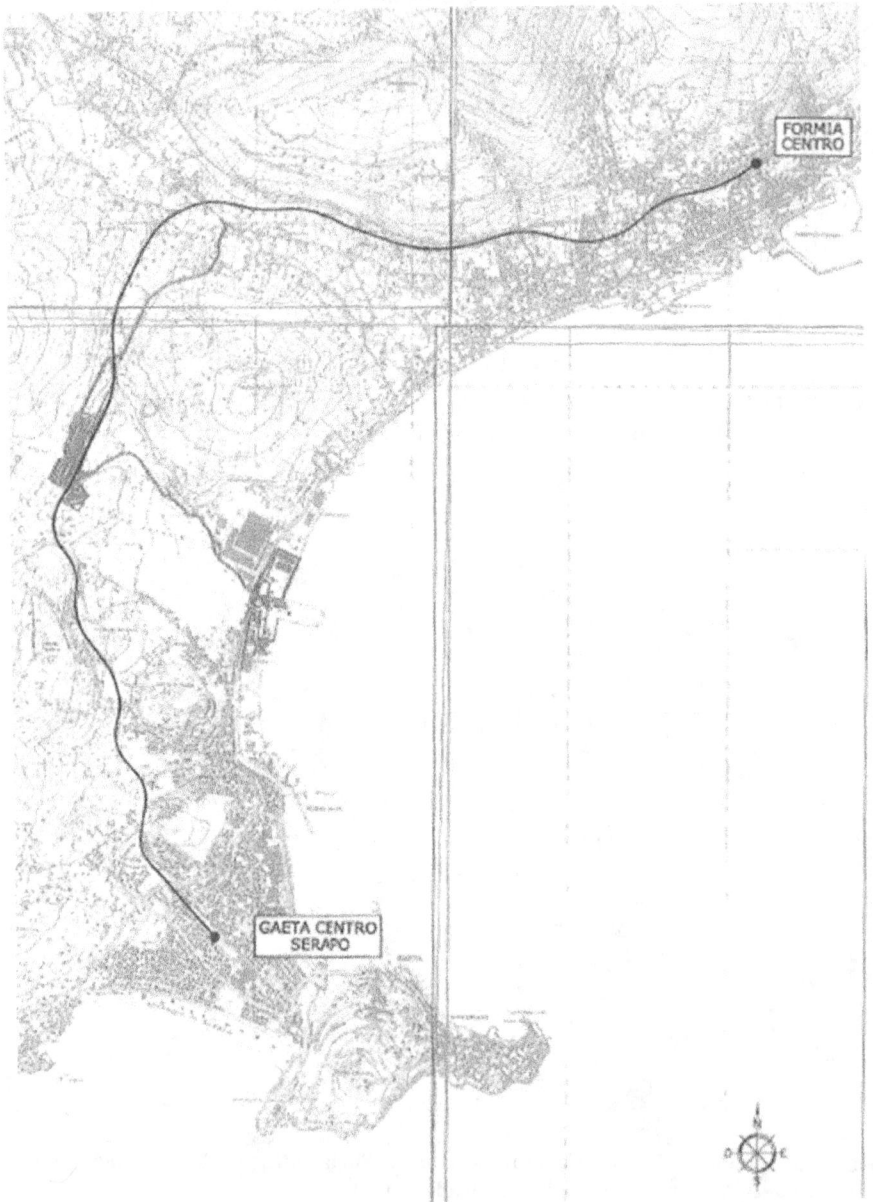

Figura 32 – Il tracciato del progetto di riqualificazione della linea Formia-Gaeta

GAETA FORMIA

Spesi quasi cinque milioni di euro per la riattivazione della ferrovia Formia-Gaeta

Littorina, il progetto «spiaggiato»

Il primo tratto ultimato da anni, ma lasciato in abbandono

Figura 33 – Una delle tante richieste del territorio di completare la riqualificazione della linea Formia-Gaeta (23 Marzo 2014)

5.3   Le best practices nazionali ed internazionali[35]

Il boom dell'industria automobilistica degli anni '40 e '50 portò in Italia, ma anche nel resto dell'Europa, ad una modifica sostanziale del modello di mobilità che passò dall'uso estensivo del trasporto collettivo ad un uso sempre più frequente dell'auto privata vista anche come "*status symbol*" di un certo benessere sociale. Il risultato di questo processo fu un graduale, ma inesorabile, declino dell'uso della ferrovia per gli spostamenti extraurbani che di fatto ha portato, nel costo degli anni, alla dismissione di migliaia di chilometri di quelli che, in gergo ferroviario, si chiamano "*rami secchi*", ovvero tratte ferroviarie non più utilizzate da un adeguato numero di passeggeri.

A partire dagli anni '90, a causa della crescente sensibilizzazione verso le tematiche energetiche ed ambientali, ma anche a seguito di un ritrovato e rivalutato interesse per le modalità di trasporto collettivo, si è assistito, in Italia ed in Europa, prima alla costruzione di nuove reti ferroviarie ad alta velocità, e poi al recupero di molte tratte

---

[35] L'ing. Alessandro Sabatini ha partecipato alla redazione del presente paragrafo.

ferroviarie storiche, al fine sia di promuovere spostamenti di mobilità più sostenibili ma anche per rilanciare e valorizzare l'economia turistico-produttiva (es. turismo balneare e di montagna, percorsi enoga-enogastronomici) dei territori coinvolti. A seguito di ciò numerose ferrovie sia in Italia che nel resto del mondo furono riqualificate divenendo business di successo per i territori coinvolti. Da un'analisi delle best practices nazionali ed internazionali emergono due differenti modelli di business per le ferroviere "storiche":

a) linee turistiche con servizi stagionali, ovvero linee utilizzate solo per motivi di svago;

b) linee miste pendolari-turisti, ovvero linee utilizzate sia quotidianamente per gli spostamenti sistematici dei territori coinvolti, sia per scopi turistico-ricreativo.

Al fine di meglio comprendere l'utilità (economica e sociale) connessa alla riqualificazione delle linee ferroviarie storiche, nei successivi paragrafi si riportano alcuni esempi di buone pratiche italiane ed internazionali quali esempi di successo sia economico che finanziario.

5.3.1 La Ferrovia Circumetnea (Sicilia, Italia)

La Ferrovia Circumetnea rappresenta l'unica linea ferroviaria a scartamento ridotto della Sicilia ad oggi in esercizio. La sua storia ha inizio nel 1880 durante la realizzazione della rete ferroviaria siciliana. Tale opera fu fortemente voluta delle popolazioni dell'area intorno al vulcano che, il 31 dicembre 1883, arrivarono a costituire un Consorzio per la costruzione e l'esercizio della ferrovia Circumetnea. L'impulso decisivo per la realizzazione della Circumetnea venne da un imprenditore inglese, Robert Trewhella, che l'11 settembre 1885 stipulò un compromesso col Consorzio, in base al quale si impegnava alla progettazione, realizzazione ed esercizio della linea. Tale imprenditore ottenne oltre all'esclusiva per l'esercizio, anche quella sul tracciato, ottenendo il divieto di costruzione di altre linee in concorrenza sullo stesso percorso.

I lavori, iniziati nel 1889, portarono il 2 febbraio 1895 all'apertura del primo tratto, da Catania Borgo ad Adrano; l'ultimo tratto, da Catania Gaito al Porto, fu inaugurato il 10 luglio 1898. La storia della linea è stata segnata, negli anni, da alcuni danneggiamenti subiti a causa delle eruzioni vulcaniche e poi dagli eventi della seconda guerra mondiale, ma successivamente la linea fu ricostruita e riportata all'efficienza dalle sue stesse maestranze. Proprio durante il periodo bellico la società proprietaria della ferrovia ebbe delle difficoltà economiche che la portarono, nell'immediato dopoguerra, a perdere la gestione a favore di un commissariamento governativo che ne modificò la denominazione in "Gestione governativa della Ferrovia Circumetnea", che restò immutata sino ai giorni nostri.

All'inizio degli anni 2000 si è assistito ad un significativo aumento della popolazione dell'area della conurbazione di Catania a discapito di quella del capoluogo, generando nuovi e significativi flussi pendolari che hanno portato ad un aumento significativo della congestione stradale dell'area. In questo contesto, la linea Circumetnea divenne quindi inadeguata a soddisfare le esigenze di mobilità anche in ragione del fatto che il tracciato risultava in ambito urbano spesso promiscuo con quello stradale (e che quindi ne vanificava parte della sua utilità). Per soddisfare quindi le mutate esigenze della popolazione furono riprogettate alcune tratte, al fine di interrare parte della linea in ambito urbano ed ammodernare la tratta extraurbana.

	Nazione	Italia
Contesto territoriale	Città servite	Giarre, Mascali, Piedimonte Etneo, Linguaglossa, Castiglione di Sicilia, Randazzo, Maletto, Bronte, Adrano, Biancavilla, Santa Maria di Licodia, Paternò, Belpasso, Misterbianco e Catania
	Popolazione servita e Densità abitativa	– 562.367 abitanti serviti – 6.058 abitanti/kmq
Caratteristiche e Inquadramento trasportistico	La linea ferroviaria	– Lunghezza: 111 km – Numero fermate: 30 – Servizio di linea, integrato da corse turistiche – Alimentazione: diesel ed elettrica
	Accessibilità trasportistica	Il servizio ferroviario è integrato da una rete di servizi su gomma regolamentato dall'Assessorato ai Trasporti della Regione Siciliana.
	Servizi disponibili a bordo/stazione	Biglietteria, ufficio informazioni

Tabella 40 – Caratteristiche tecnico-funzionali della ferrovia Circumetnea

Consenso pubblico ed analisi economico-finanziaria nel "progetto di fattibilità" Linee guida ed applicazione al progetto della Linea ferroviaria Formia-Gaeta

Figura 34 – Littorina turistica (fonte www.unusualplaces.org)

Figura 35 – I nuovi treni Vulcano, impegnati sulla Ferrovia Circumetnea (fonte: www.gazzettadeitrasporti.it)

5.3.2 La Transiberiana d'Italia: la Ferrovia Sulmona-Castel di Sangro (Abruzzo, Italia)

La linea Sulmona-Castel di Sangro è stata soprannominata "*la Transiberiana d'Italia*" per il suggestivo panorama che si può ammirare percorrendola d'inverno attraversando gli altipiani dell'Abruzzo. Alla stazione di Rivisondoli-Pescocostanzo la linea raggiunge i 1.269 m s.l.m. che ne fanno la seconda stazione più alta della rete ferroviaria italiana a scartamento ordinario, dopo quella del Brennero (a 1.371 m s.l.m.).

Per quanto riguarda il servizio offerto, fino al 13 dicembre 2008, circolavano 4 coppie di treni/giorno tra Sulmona e Carpinone, più una coppia da Sulmona a Castel di Sangro. Nei giorni festivi vi erano 2 coppie di treni regionali Sulmona-Napoli al giorno. A partire dal 14 dicembre 2008 c'è stata una significativa riduzione delle corse, che sono diventate 2 coppie/giorno nei feriali, mentre nei festivi circolava solo una coppia/giorno da e per Napoli. Dall'11 ottobre 2010, a causa di interventi di manutenzione straordinaria sul materiale rotabile, il servizio tra Carpinone e Castel di Sangro è stato sostituito, per non essere mai più ripristinato, con un collegamento su gomma.

Dall'11 dicembre 2011 tutti i servizi viaggiatori regionali sono stati sospesi, mentre la linea resta formalmente in esercizio per il gestore dell'infrastruttura. Tutte le corse sono state sostituite da autobus che però non transitano per tutti i comuni prima raggiunti dalla linea ferrovia. Il 17 e il 18 maggio 2014 il tronco da Sulmona a Castel di Sangro ha visto la riapertura temporanea da parte di Fondazione FS Italiane come ferrovia storica. In quei giorni hanno circolato sulla linea tre treni storici. Successivamente la Fondazione FS Italiane ha avviato un lungo progetto di rilancio della linea tramite l'utilizzo anche di treni storici, in collaborazione con l'associazione culturale Le Rotaie che ne cura l'organizzazione. Ad oggi, ogni anno sono previsti servizi solo turistici in concomitanza prevalentemente di festività estive ed invernali. Complessivamente per il 2016 sono stati schedulati servizi per 20 giorni festivi soprattutto per i mesi di agosto, dicembre e gennaio.

Consenso pubblico ed analisi economico-finanziaria nel "progetto di fattibilità" Linee guida ed applicazione al progetto della Linea ferroviaria Formia-Gaeta

	Nazione	Italia
Contesto territoriale	**Città servite**	Sulmona, Pettorano sul Gizio, Cansano, Campo di Giove, Palena, Rivisondoli, Roccaraso, Alfedena, Castel di Sangro
	Popolazione servita e Densità abitativa	− 38.194 abitanti − 645 abitanti/kmq
Caratteristiche e Inquadramento trasportistico	**La linea ferroviaria**	− Lunghezza: 76 km − Numero fermate: 9 − Turistica − Alimentazione: diesel
	Accessibilità trasportistica	Le stazioni della linea sono ben collegate con i principali centri abitati anche sovraregionali tramite collegamenti di linea su gomma
	Servizi disponibili a bordo/stazione	Quando in funzione, nelle stazioni è organizzato un servizio di degustazione di prodotti tipici locali

Tabella 41 – Caratteristiche tecnico-funzionali della ferrovia Transiberiana d'Italia

Figura 36 –Parco Nazionale della Majella, a bordo di carrozze d'epoca anni '40 trainate dalle storiche locomotive D.343 (fonte: http:www.mondointasca.org)

Figura 37 – Fermata alle stazioni (fonte: www.ansa.it)

5.3.3 La Ferrovia Lucca-Aulla (Toscana, Italia)

La linea Lucca-Aulla è una linea ferroviaria in esercizio che collega la città di Lucca a quella di Aulla (connettendosi alla ferrovia Pontremolese), attraversando i territori della Garfagnana e della Lunigiana. Inaugurata per la sua prima tratta nel 1892, per poi completarsi nel 1959, è passata negli anni attraverso due gestioni: dal 1892 al 1915 fu gestita da FAL, mentre dal 1915 la linea divenne parte della rete delle Ferrovie dello Stato.

La via ferrata attraversa uno dei più particolari e suggestivi territori della Regione, "il cuore verde della Toscana", regalando ad ogni corsa meravigliosi scenari da scoprire ed ammirare in ogni periodo dell'anno.

Anche molti pendolari usufruiscono della linea per raggiungere ogni giorno i propri posti di lavoro o di studio in un territorio che non gode di un'elevata accessibilità stradale.

	Nazione	Italia
Contesto territoriale	**Città servite**	Lucca, Bagni di Lucca, Castelnuovo di Garfagnana, Piazza al Serchio, Minucciano, Aulla
	Popolazione servita e Densità abitativa	– 117.816 abitanti – 1.051 abitanti/kmq
Caratteristiche e Inquadramento trasportistico	**La linea ferroviaria**	– Lunghezza: 89 km – Numero fermate: 23 – Servizio di linea, integrato da corse turistiche – Alimentazione: diesel
	Accessibilità trasportistica	– Il servizio ferroviario si innesta nella rete nazionale a Lucca verso Pisa e Viareggio, mentre la stazione di Aulla si collega alla linea ferroviaria per Parma – Il servizio su ferro è integrato con quello su gomma
	Servizi disponibili a bordo/stazione	Biglietteria, ufficio informazioni, sala d'attesa, WC, parcheggi auto, bar

Tabella 42 – Caratteristiche tecnico-funzionali della ferrovia Lucca-Aulla

Figura 38 – Garfagnana, passaggio attraverso il ponte della Maddalena detto "Ponte del Diavolo" (fonte: www.flickr.com)

Figura 39 – Servizio di Linea, passaggio per il borgo di Mozzano (fonte: www.progettodighe.it)

5.3.4 Il Bernina Express (Italia - Svizzera)

Il Bernina Express è un treno gestito della compagnia ferroviaria svizzera Ferrovia Retica che offre un servizio di collegamento tra Tirano, Saint Moritz e Coira. Questo servizio ferroviario, prevalentemente turistico, percorre un itinerario di notevole interesse paesaggistico, reso più confortevole grazie a delle speciali carrozze panoramiche di cui è dotato il treno. Il percorso transita per le ferrovie dell'Albula e del Bernina, che dal 2008 sono state inserite dall'UNESCO nell'elenco dei Patrimoni dell'Umanità.

Il Bernina Express percorre, in poco più di quattro ore, una tratta ferroviaria di 145 km complessivi con un dislivello totale di 1.824 m e pendenze fino al 70 per mille. La massima altitudine raggiunta è 2.253 m s.l.m. in corrispondenza del passo del Bernina, mentre la minima è di 429 m s.l.m. a Tirano.

Il percorso del Bernina Express risulta particolare ricco di opere di ingegneria civile, comprendendo complessivamente 55 tunnel e gallerie coperte, 196 viadotti e ponti e tratte a pendenza elevata che coprono ampi dislivelli. Tra le opere di maggior pregio vi sono sicu-

ramente: il viadotto Landwasser, le gallerie a spirale Bergün-Preda, il
tunnel dell'Albula e il viadotto elicoidale che copre il dislivello di 30
metri tra Brusio e Campocologno.

Il percorso seguito dal Bernina Express incontra numerosi punti
di rilievo paesaggistico ed architettonico, tra cui:

- Brusio: il viadotto di forma elicoidale, di 70 metri di raggio
  e interamente visibile per tutto il suo sviluppo, permette di
  guadagnare, in uno spazio molto ristretto con una pendenza
  costante del 70‰, i trenta metri di quota necessari per raggiungere la stazione di Brusio;
- Miralago: venendo da Tirano, giunti alla stazione di Miralago la linea ferroviaria costeggia il lago di Poschiavo con
  la sua particolare vista panoramica;
- Le Prese: per circa 1 km, la ferrovia transita sulla sede stradale e spesso gli autoveicoli sono costretti a rallentare o
  fermarsi per far transitare il treno. Inoltre, in diversi punti
  (in località Sant'Antonio) le carrozze del Bernina Express
  sfiorano i muri delle abitazioni che costeggiano la linea;
- Poschiavo: superata questa stazione, il percorso riprende
  nuovamente a salire lungo un costone panoramico. Questa
  tratta è inoltre caratterizzata da molti stretti tornanti con
  pendenza media del 70‰;
- Alp Grüm: dalla omonima stazione situata sul fianco di
  un crinale scosceso, si può ammirare il panorama di tutta la
  val Poschiavo con i suoi ghiacciai;
- Morteratsch: da questa stazione, situata sul fondo della valle del ghiacciaio del Morteratsch, è possibile ammirare la
  cima del Pizzo Bernina (4.049 m s.l.m.) e la cresta Bianco-
  grat.

		Nazioni	Italia - Svizzera
Contesto territoriale		**Città servite**	Tirano, Campocologno, Campascio, Brusio, Le Prese, Li Curt, Poschiavo, Privilasco, Cadera, Cavaglia, Stablini, Ospizio Bernina, Bernina Legalb, Bernina Diavolezza, Bernina Suot, Morteratsch, Surovas, Pontresina, Celerina, St. Moritz
		Popolazione servita e Densità abitativa	– 26.861 abitanti – 652 abitanti/kmq
Caratteristiche e Inquadramento trasportistico		**La linea ferroviaria**	– Lunghezza: 145 km – Numero fermate: 25 – Turistica – Alimentazione: diesel
		Accessibilità trasportistica	Le stazioni della linea sono ben collegate con i principali centri abitati e città adiacenti di Italia e Svizzera
		Servizi disponibili a bordo/stazione	Vagoni panoramici, info point, guide turistiche, ristoranti, biglietteria, bar

Tabella 43 – Caratteristiche tecnico-funzionali del Bernina Express

Figura 40 – Passaggio del Bernina Express per piazza Basilica a Tirano (fonte: www.youtube.com)

Consenso pubblico ed analisi economico-finanziaria nel "progetto di fattibilità" Linee guida ed applicazione al progetto della Linea ferroviaria Formia-Gaeta

Figura 41 – Il viadotto elicoidale (fonte: www.wikipedia.org)

Figura 42 – Un ponte della Bernina Express (fonte: www.flickr.com)

5.3.5 Il Belmond Hiram Bingham (Perù)

In Perù il treno Belmond Hiram Bingham deve il suo nome al profes-
sore di Yale che nel 1911 scoprì le rovine Inca della città sacra di
Machu Picchu, destinazione finale del percorso del lussuoso convo-
glio peruviano. Il servizio ferroviario che viene offerto dura dai 2 ai
10 giorni di viaggio (a seconda dell'itinerario) e permette di ammirare
alcuni dei paesaggi più incredibili al mondo. Il treno parte da Lima, su
comodi ed eleganti convogli color blu e oro dall'atmosfera "*Belle
Epoque*", e raggiunge le alture del sito archeologico Machu Picchu,
passando per Cuzco e costeggiando il fiume Urubamba.

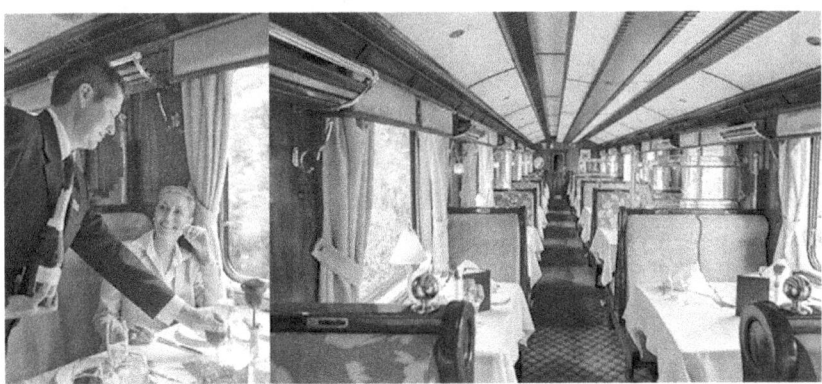

Figura 43 – Il vagone ristorante del Hiram Bingham (fonte:www.belmond.com)

Contesto territoriale	**Nazione**	Perù	
	Città servite	Poroy, Ollantaytambo, Aguas Calientes	
	Popolazione servita e Densità abitativa	– 8.500 abitanti – 530 abitanti/kmq	
Caratteristiche e Inquadramento trasportistico	**La linea ferroviaria**	– Lunghezza: circa 90 km – Numero fermate: 3 – Turistica – Alimentazione: diesel	
	Accessibilità trasportistica	Integrato con servizio su gomma per rag-giungere la città di Machu Picchu	
	Servizi disponibili a bordo/stazione	Vagoni panoramici, info point, guide turisti-che, ristoranti, biglietteria, bar	

Tabella 44 – Caratteristiche tecnico-funzionali del Belmond Hiram Bigham

Figura 44 – Il vagone panoramico del Belmond Hiram Bigham (fonte:www.belmond.com)

5.3.6 La Ferrovia Darjeeling Himalayan (India)

La linea Darjeeling Himalayan, gestita dalle ferrovie indiane, è una ferrovia a scartamento ridotto (610 mm) che collega i due quartieri di Jalpaiguri e Darjeeling, nello stato indiano del Bengala occidentale. La ferrovia Darjeeling Himalayan è stata la prima ferrovia collinare dell'India ed una delle prime al mondo dopo quella del Semmering (costruita tra il 1848 e il 1854).

Dall'anno della messa in funzione nel 1881, la ferrovia Darjeeling Himalayan, soprannominata il *"trenino giocattolo"* per le sue ambientazioni caratteristiche, è rimasta in esercizio sino ai giorni nostri mantenendo inalterato tracciato e caratteristiche dei convogli. Il livello di elevazione varia dai circa 100 metri a New Jalpaiguri a circa 2.200 metri a Darjeeling. Quattro moderne locomotive diesel gestiscono il servizio di linea, mentre i servizi turistici giornalieri da Darjeeling a Ghum (la stazione ferroviaria più alta dell'India) vengono effettuati, sin dall'epoca Britannica, tramite l'utilizzo di locomotive a vapore. Questa ferrovia, insieme alle ferrovie Nilgiri Mountain e Kalka-Shimla, sono state nominate Patrimonio dell'Umanità.

Contesto territoriale	Nazione	India
	Città servite	New Jalpaiguri, Siliguri Town, Sukna, Rongtong, Tindharia, Gayabari, Mahanadi, Kurseong, Tung, Sonada, Ghum, Darjeeling
	Popolazione servita e Densità abitativa	– 2.747.612 abitanti – 69.504 abitanti/kmq
Caratteristiche e Inquadramento trasportistico	La linea ferroviaria	– Lunghezza: 78 km – Numero fermate: 13 – Servizio di linea integrato in alcune tratte da corse Turistiche – Alimentazione: diesel e vapore
	Accessibilità trasportistica	Le stazioni della linea sono non sempre ben collegate con i principali centri abitati della zona
	Servizi disponibili a bordo/stazione	Biglietteria, info point

Tabella 45 – Caratteristiche tecnico-funzionali della ferrovia Darjeeling Himalayan Railway

Figura 45 – La ferrovia attraversa Batasia Loop con un tracciato di 5 km (fonte: www.fineartamerica.com)

Figura 46 – Stazione di Darjeeling (fonte: www.loupiote.com)

5.4 Utilità sociale e convenienza economica: l'analisi costi-benefici

5.4.1 Ipotesi di calcolo per evitare il rischio "*planning fallacy*"

Molte delle attività relative alle analisi economiche possono essere soggette alla cosiddetta "*planning fallacy*" ovvero a quella sindrome secondo la quale i tecnici della pianificazione tendono a sovrastimare gli effetti (positivi) di un progetto al fine di legittimarne la scelta. Per ovviare a ciò, nel corso dello studio, sono state effettuate delle **ipotesi cautelativa** a vantaggio di sicurezza al fine di ridurre il rischio di sovrastima dei benefici e di sottostima dei costi. In Tabella 46 sono riassunte tutte le principali ipotesi prudenziale fatte, comunque descritte in dettaglio nei successivi paragrafi.

Le ipotesi prudenziali	
Stima dei costi	**1. Il costo d'investimento** considerato nelle analisi è quello totale imputabile all'opera e non quello ad oggi residuo in ragione del fatto che parte dell'opera è stata già realizzata
	2. Il valore residuo dell'opera è stato fissato pari al 10% del suo costo totale quando invece dopo i 30 anni di orizzonte temporale il "reale" valore residuo della ferrovia sarà sicuramente maggiore (vita utile molto maggiore di 30 anni)
Stima della domanda	**3.** È stata **trascurata la domanda generata** (indotta) dal nuovo servizio ferroviario considerando in via prudenziale solo quella deviata da altri modi di trasporto (auto e bus)
	4. Alcuni **parametri di stima diretta** della domanda sono stati **valutati inferiori** (anche del 50%) rispetto a quelli stimati tramite indagine (es. la % di turisti che utilizzerebbe la ferrovia al porto dell'auto privata)
Stima dei benefici	**5. Trascurati i benefici economici ed occupazionali** che la nuova ferrovia potrebbe generare a seguito di nuove attività economiche come quelle turistico ricreative
	6. Trascurati i benefici territoriali (*land-use*) che l'introduzione di una linea ferroviaria potrebbe produrre, ad esempio, al prezzo (crescete) degli immobili nelle aree coinvolte
	7. Sottostima del surplus del consumatore, ovvero non sono stati considerati i benefici per gli utenti del sistema residenti al difuori del bacino di influenza delle stazioni della nuova linea ferroviaria (che comunque anche si in minor misura avrebbero a disposizione questa ulteriore opportunità modale)
	8. Sottostima del risparmio di tempo, ovvero non si è considerato che, a fronte di una riduzione delle auto in circolazione (deviate sulle ferrovia), vi possa essere una ridurre della congestione stradale e quindi una riduzione dei tempi di viaggio (tra Formia e Gaeta) per coloro che continueranno ad utilizzare l'automobile

Tabella 46 – Alcune delle ipotesi prudenziali effettuate nell'analisi di valutazione economica per evitare il rischio della "*planning fallacy*"

5.4.1 La definizione del periodo di analisi ed il tasso di sconto

L'analisi costi-benefici per la valutazione economica e sociale di un intervento rappresenta un'attività complessa che richiede una serie di attività preliminari. La prima di queste è la definizione del periodo di analisi, ovvero il numero di anni per i quali occorre stimare gli impatti (benefici e costi) dell'opera. Così come suggerito dalla Commissione Europea (Regolamento delegato n. 480/2014), per le opere ferroviarie è opportuno considerare **un periodo di analisi di 30 anni,** a partire dalla data prevista di ultimazione dei lavori di riqualificazione e ripristino dell'opera.

Inoltre, così come suggerito dalla Commissione Europea (Regolamento di esecuzione n. 207 del 2015) è stato considerato un tasso di sconto del 3%.

5.4.2 Le alternative progettuali da confrontare e la definizione dell'area di studio

L'area di studio rappresenta l'area geografica all'interno della quale si ritiene che si esauriscano gli effetti degli interventi analizzati. Nel caso studio specifico, si ritiene che la riqualificazione della linea ferroviaria Formia-Gaeta impatterà su due differenti segmenti di domanda:

1. gli spostamenti sistematici dei pendolari e dei residenti delle due località;
2. gli spostamenti dei turistici stagionali.

Attraverso un'indagine di mobilità descritta nel seguito è stato possibile definire l'area da associare a queste due aliquote di domanda (potenzialmente catturabili). Per gli spostamenti sistematici si è assunto che l'area direttamente interessata dal nuovo collegamento di trasporto collettivo sarà l'area compresa tra i comuni di Formia e Gaeta. Per gli spostamenti dei turisti, invece, si è stimato che quelli potenzialmente interessati dall'infrastruttura provengano da un'area ben più ampia che comprende il basso Lazio ed il nord della Campania.

Definita l'area di studio e **l'alternativa Progettuale (P)** (descritta nel paragrafo precedente), passo successivo è stato quello di individuare lo **scenario tendenziale di Non Progetto (NP),** ovvero quello scenario verso cui evolverebbe il sistema socio-economico e dei trasporti qualora l'infrastruttura di progetto non venisse realizzata. Per la definizione di tale scenario sono stati considerati tutti gli interventi "invarianti" interessanti l'area territoriale previsti nei Piani:

- il Piano Regionale della Mobilità, dei Trasporti e della Logistica del Lazio, 2013;
- il Piano Urbano del Traffico del Comune di Formia, 2015;
- il Piano Urbano della Sosta del Comune di Formia, 2015;
- il Piano Urbano dei Trasporti del Comune di Formia, 2016;
- il Piano Urbano del Traffico del Comune di Gaeta, 2016.

Tra gli interventi esplicitamente tenuti in conto per la definizione dello scenario di Non Progetto vi sono:

- realizzazione della variante A12-SS7-SS148 Gaeta-Formia, nuovo svincolo per il collegamento con la SS "Appia" esistente a nord – ovest di Formia (svincolo di Gaeta) ed adeguamento dello svincolo esistente sulla SS 7 "Appia bis" a est di Formia (svincolo di Formia – S. Croce), così come previsto nel Piano Regionale della Mobilità dei Trasporti e della Logistica del Lazio;
- l'adeguamento e la variazione della capacità dei parcheggi adiacenti all'area delle stazioni di Formia e della futura stazione di Gaeta, così come stabilito nel Piano Urbano della Sosta del Comune di Formia e nel Piano Urbano del Traffico del Comune di Gaeta;
- la variazione delle linee e della frequenza delle linee di autobus urbani che collegano la città di Formia con la stazione ferroviaria, così come previsto nel Piano Urbano del Traffico del comune di Gaeta.

5.4.3 Le stime attuali e tendenziali della domanda di mobilità

L'analisi, la progettazione ed il confronto di interventi su di un sistema di trasporto richiede che venga stimata la domanda di mobilità (stime di traffico) con riferimento a differenti scenari di analisi, tenendo esplicitamente in conto di tutti gli interventi sul sistema di trasporto. In tutti i casi, al fine di giungere ad una stima il più possibile congrua ed accurata della domanda di mobilità, è opportuno stimare:

- **la domanda tendenziale**, ovvero come la domanda evolverebbe nello scenario di non intervento (o non progetto - NP), per tutti gli anni di analisi;
- **la domanda deviata (diversione modale)** da altre modalità di trasporto (es. auto e bus) conseguente alla realizzazione del progetto;
- **la domanda indotta (generata)**, ovvero quegli utenti del sistema che nello scenario tendenziale (NP) non si sposterebbero ma che a valle della realizzazione del progetto deciderebbero di farlo.

L'attività di stima della domanda rappresenta forse l'attività più delicata delle valutazioni progettuali a causa dell'alto grado di influenza che questa attività ha sui risultati finali delle analisi. Per tale motivo, al fine di limitare i rischi della *"planning fallacy"*, nel corso dello studio, come ipotesi cautelativa a vantaggio di sicurezza si è trascurata la domanda generata dell'opera, ovvero quella che oggi risulta inespressa ma che, una volta realizzata la linea ferroviaria Formia-Gaeta, si potrebbe palesare (es. maggiore frequenza di spostamenti per attività ricreative tra i due comuni).

Per tale attività ci si è riferiti a due distinti segmenti di domanda potenzialmente catturabili: i residenti/pendolari ed i turisti. Poiché queste due aliquote di domanda hanno differenti bacini di influenza, sono state stimate separatamente secondo due differenti metodologie di stima, ovvero:

- stima tramite **modelli matematici comportamentali** per la domanda di **residenti e pendolari** potenzialmente catturabili;
- **stima diretta** della domanda di **turisti** potenzialmente catturabili dal nuovo servizio ferroviario.

Nei successivi paragrafi si riportano i principali risultati delle stime condotte.

5.4.3.1 Le indagini di mobilità e la stima da modello della domanda di residenti e pendolari catturabili dal nuovo collegamento ferroviario

Il collegamento ferroviario Formia-Gaeta impatterà sicuramente sulle scelte di mobilità dei residenti dei due comuni che si spostano ogni giorno (pendolari) per motivi sistematici (es. studio e lavoro). La domanda sistematica attuale, suddivisa per le diverse modalità di trasporto (auto, moto e bus), è stata stimata a partire dai risultati di una campagna di conteggi di traffico effettuati presso le principali arterie di collegamento tra i due comuni (es. SR213 "via Flacca") nonché presso i capolinea e le fermate delle linee di autobus. In tal modo è stato possibile stimare "l'universo" di utenti che si spostano quotidianamente tra Formia e Gaeta per singola modalità di trasporto.

Dai conteggi di traffico effettuati è stato stimato che:

- mediamente, in un giorno feriale, sulla sola via Flacca transitano 23 mila veicoli/giorno (di cui l'11% rappresentato da veicoli pesanti) di scambio tra Formia e Gaeta, somma sulle due direzioni di marcia (Figura 47);
- il coefficiente di riempimento medio di un auto è pari a 1,6 persone/auto;
- la domanda in automobile di residenti in un giorno feriale medio di scambio tra i comuni interessati è di 33.953 persone/giorno.

		Passeggeri/giorno	33.953
Domanda	Auto	*di cui fortemente interessati al nuovo servizio*[36]	*1.973*
		Passeggeri/anno	8.488.200
		Auto/anno	5.305.125
		Coefficiente medio riempimento auto	1,60
Domanda	Bus	Passeggeri/giorno	1.820
		Passeggeri/anno	455.000

Tabella 47 – Stima della domanda sistematica media feriale per singolo modo di trasporto sulla direzione Formia-Gaeta (bidirezionale)[37]

---

[36] Ovvero con origine e destinazione interne al bacino di influenza delle stazioni ferroviarie di Formia e Gaeta

Per poter stimare il numero di utenti che si sposta quotidianamente tra Formia e Gaeta utilizzando il trasporto collettivo su gomma, sono stati condotti dei conteggi di traffico presso i capolinea e le principali fermate dei due comuni. Complessivamente, in un giorno feriale medio, 1.820 persone utilizzano l'autobus per spostarsi tra Formia e Gaeta (somma sulle due direzioni).

A partire dalla domanda giornaliera feriale media per singolo modo di trasporto, al fine di stimare la domanda potenzialmente catturabile dal nuovo collegamento ferroviario (diversione modale), è stato calibrato un modello di scelta modale. Per far ciò è stato progettato un questionario d'indagine al fine anche di profilare le caratteristiche socio-economiche degli utenti (viaggiatori) che, nella situazione attuale, si spostano tra i due comuni e che sarebbero disponibili a cambiare modo di trasporto.

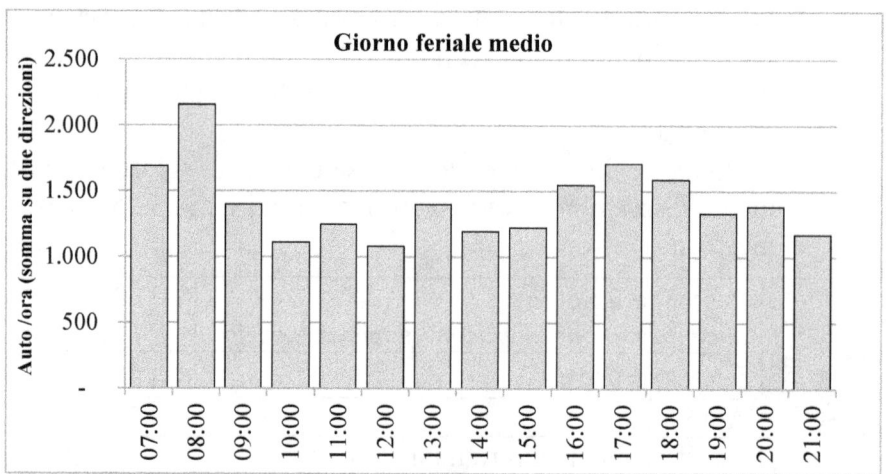

Figura 47 – **Conteggi di traffico di veicoli leggeri medi giornalieri feriali sulla SR213 "via Flacca"**

---

[37] È bene precisare che la domanda giornaliera in auto si riferisce ad un'area più vasta dei confini amministrativi dei comuni di Formia e Gaeta, ritenendo che alcuni spostamenti originati in comuni adiacenti possano raggiungere la stazione con l'auto privata per poi prendere la ferrovia. Per contro, la domanda in autobus si riferisce alla sola domanda originata e destinata nei due comuni di Formia e Gaeta. Per tale circostanza quindi non ha senso stimare, a partire da questa tabella, una ripartizione modale, perché le due aliquote di domanda si riferiscono ad aree territoriali differenti.

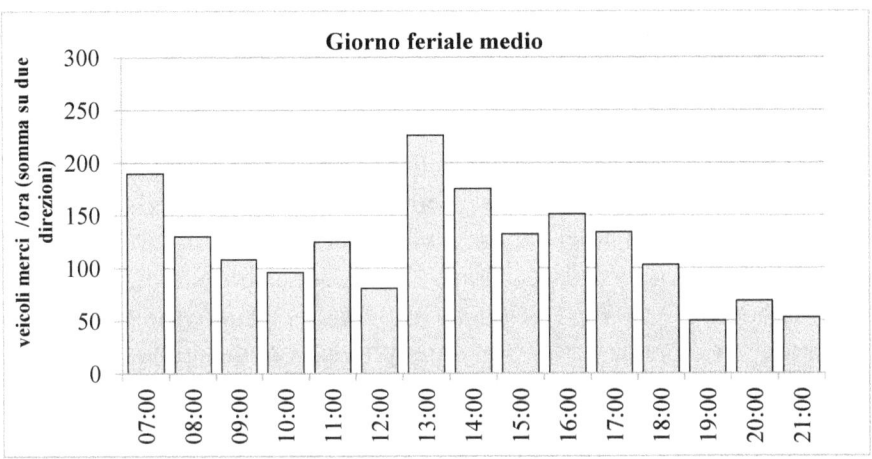

Figura 48 – Conteggi di traffico di veicoli merci medi giornalieri feriali sulla SR213 "via Flacca"

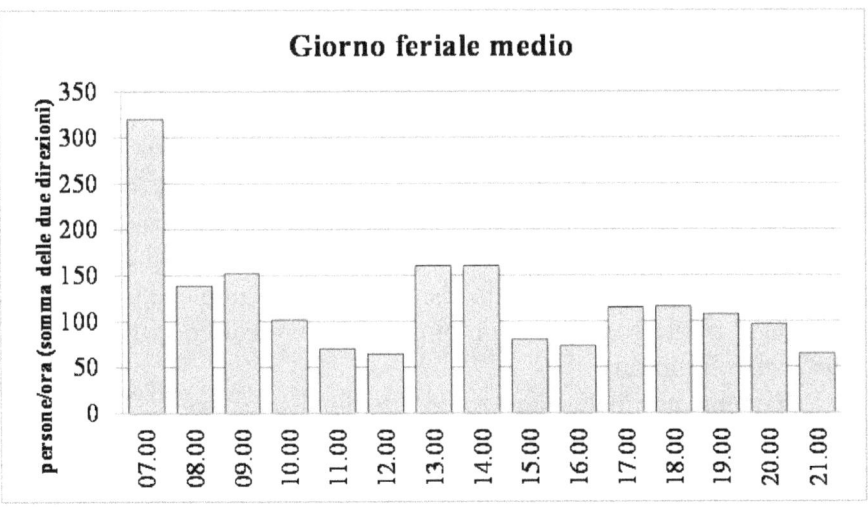

Figura 49 – Conteggi di traffico di passeggeri su autobus di linea tra Formia e Gaeta (somma sulle due direzioni)

Il questionario d'indagine è stato suddiviso in due sezioni:

a) la prima parte (Figura 50) relativa ad investigare le caratteristiche socio-economiche (genere, età, professione) e dello spostamento (es. titolo di viaggio utilizzato, motivo dello spostamento, frequenza dello spostamento, utilizzo congiunto di più modi di trasporto);

b)   la seconda parte del questionario (Figura 51) è composto da
domande di tipo *SP (Stated Preference o Preferenze Dichiarate)*, ovvero domande sui comportamenti ipotetici dichiarati dagli
utenti in scenari progettuali.

La tecnica di estrazione del campione da intervistare è stata di tipo casuale semplice stratificato sui modi di trasporto ed origine dello
spostamento (per dettagli sulle diverse tecniche campionamento si
veda ad esempio: Cascetta, 2006). Il questionario è stato sottoposto
con metodologia *CAWI (Computer-Assisted Web Interviewing)*, sviluppando un'App dedicata per smartphone. Le indagini sono state
svolte presso:

– i principali parcheggi d'interscambio di Formia e Gaeta;
– le principali fermate degli autobus;
– le scuole superiori di Formia e Gaeta.

Le indagini condotte presso i parcheggi di interscambio con la ferrovia di Formia hanno permesso di valutare l'interesse dei pendolari che
quotidianamente utilizzano i collegamenti ferroviari nazionali. In particolare, sono stati intervistati i viaggiatori presso il parcheggio
multipiano di Formia (con tariffa giornaliera agevolata per i pendolari), situato nei pressi della stazione, ed il parcheggio al porto Vespucci
(gratuito nei mesi invernali). In totale presso i parcheggi
d'interscambio sono stati intervistati 269 utenti (tasso di campionamento pari a 27%, considerando che il numero di auto che transita per
i parcheggi d'interscambio in un giorno feriale medio è stimato essere
di 997 veicoli/giorno).

Gli utenti che nella situazione attuale si spostano tra Formia e
Gaeta con l'autobus sono stati intervistati presso le principali fermate
delle due località. In totale sono stati intervistati circa 200 viaggiatori,
con un tasso di campionamento dell'11%.

Al fine di intervistare il maggior numero di utenti che si spostano
per motivi sistematici tra Formia e Gaeta, sono state effettuate anche
delle interviste specifiche agli studenti, al personale docente ed a
quello tecnico-amministrativo residente in uno dei comuni di Formia
e di Gaeta e che studiano/lavorano nell'altro comune.

Dal   sito   www.scuolainchiaro.it,   patrocinato   dal   Ministero
dell'Istruzione, sono state estrapolate le scuole presenti nei comuni di

Formia e Gaeta, focalizzando le indagini ai soli istituti superiori e professionali. In Tabella 48 sono riportate le scuole oggetto d'indagine presso le quali sono iscritti circa 5.500 studenti (fonte: www.scuolainchiaro.it).

Con l'autorizzazione e la collaborazione dei responsabili scolastici, sono stati intervistati 534 studenti iscritti che effettuano quotidianamente lo spostamento tra i comuni di Formia e Gaeta. Di questi, il 72% utilizza abitualmente il trasporto collettivo su gomma (Figura 52), reputandolo di bassa qualità (Figura 53).

Alcuni dei principali risultati delle indagini condotte sono riportati in Figura 55. In particolare emerge che il 95% degli utenti intervistati che si spostano tra Formia e Gaeta (e viceversa) sono utenti sistematici (il 60% si sposta per lavoro, il 35% per studio ed il 64% con frequenza giornaliera).

Il 96% dei pendolari sarebbe disposto ad utilizzare la ferrovia per gli spostamenti da/per Formia a/da Gaeta ed il 56% sarebbe disposto a pagare il costo del biglietto del treno il 30% in più rispetto al costo che attualmente sopporta per lo spostamento.

Città	Nome della Scuola
Gaeta	Fermi
	G. Caboto
	ITC
Formia	E. Fermi
	M.T. Cicerone
	Pollione
	Tallini
	I.T.E.G. Filangieri
	Ipsar Celletti
	I.C. Alighieri
	Alda Colabello
	Mater Divinae Gratiae

Tabella 48 – Le scuole superiori e gli istituti professionali di Formia e Gaeta oggetto di indagine (fonte: www.scuolainchiaro.it)

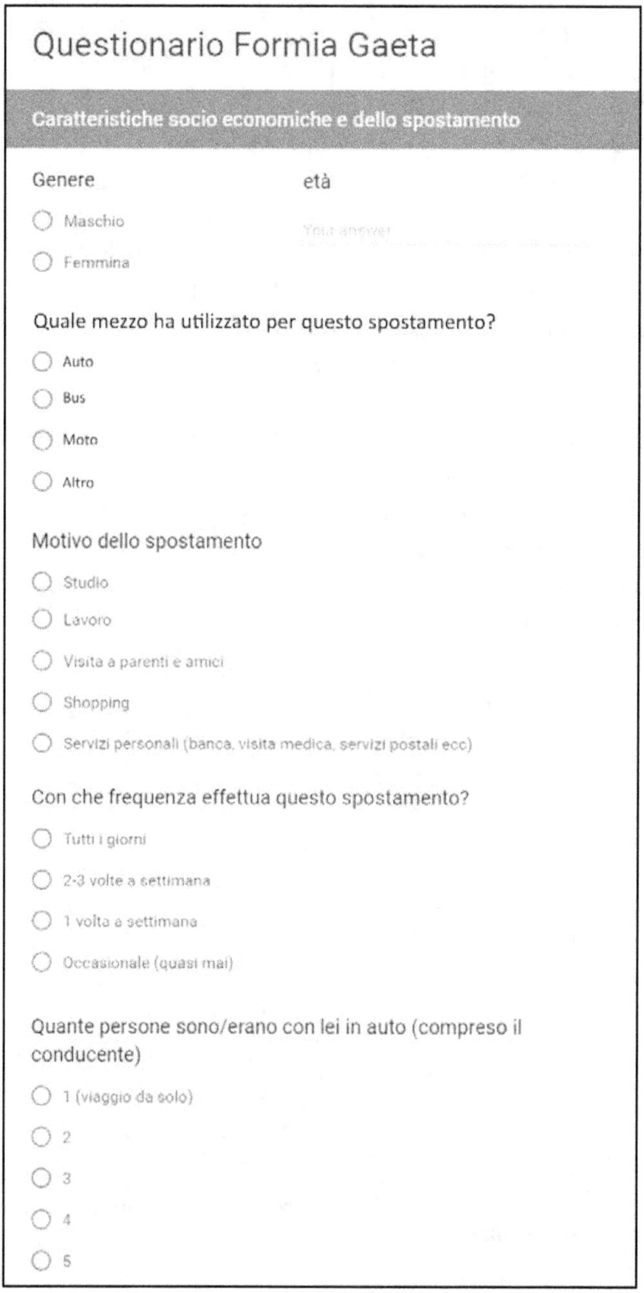

Consenso pubblico ed analisi economico-finanziaria nel "progetto di fattibilità" Linee guida ed applicazione al progetto della Linea ferroviaria Formia-Gaeta

Questionario Formia Gaeta

Caratteristiche socio economiche e dello spostamento

Genere   età

○ Maschio

○ Femmina   Your answer

Quale mezzo ha utilizzato per questo spostamento?

○ Auto

○ Bus

○ Moto

○ Altro

Motivo dello spostamento

○ Studio

○ Lavoro

○ Visita a parenti e amici

○ Shopping

○ Servizi personali (banca, visita medica, servizi postali ecc)

Con che frequenza effettua questo spostamento?

○ Tutti i giorni

○ 2-3 volte a settimana

○ 1 volta a settimana

○ Occasionale (quasi mai)

Quante persone sono/erano con lei in auto (compreso il conducente)

○ 1 (viaggio da solo)

○ 2

○ 3

○ 4

○ 5

Figura 50 – La prima sezione del questionario d'indagine per i residenti/pendolari

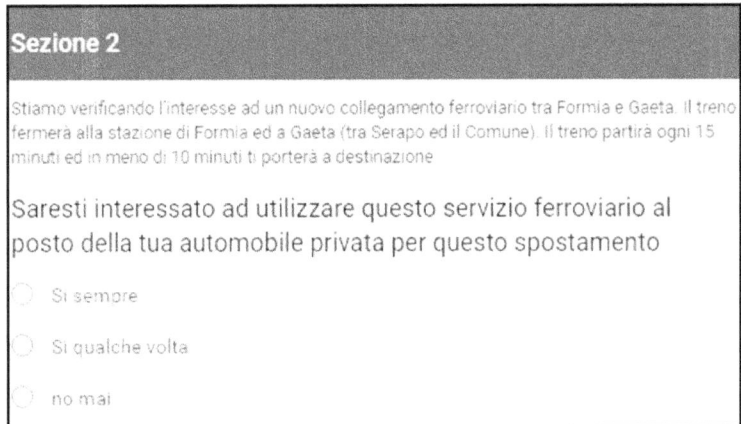

Figura 51 – La seconda sezione del questionario d'indagine per i residenti/pendolari: le indagini SP (Stated Preference o Preferenze Dichiarate)

Mezzo di trasporto utilizzato

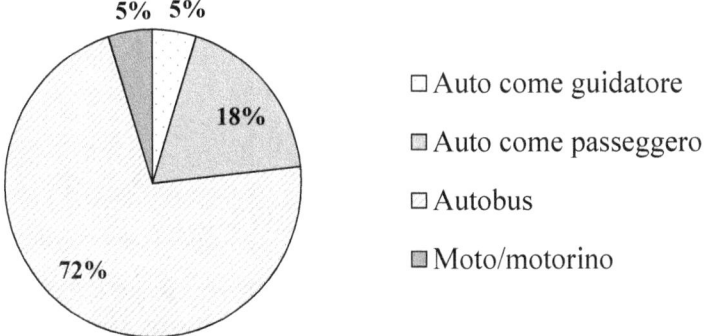

Figura 52 – Il mezzo di trasporto utilizzato dagli studenti pendolari tra Formia e Gaeta

Qualità percepita del viaggio

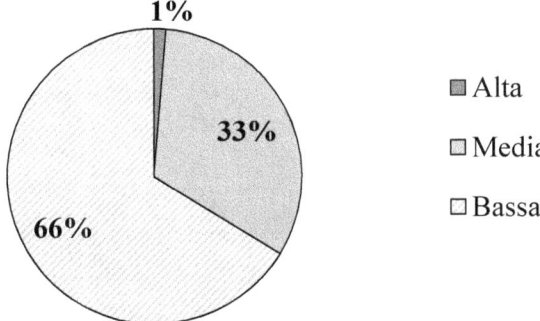

Figura 53 – La qualità percepita dagli studenti che utilizzano il bus per gli spostamenti casa-scuola

Consenso pubblico ed analisi economico-finanziaria nel "progetto di fattibilità" Linee guida
ed applicazione al progetto della Linea ferroviaria Formia-Gaeta

Motivo dello spostamento

- Lavoro
- Studio
- Shopping
- Servizi personali
- Visita a parenti e amici

Frequenza dello spostamento

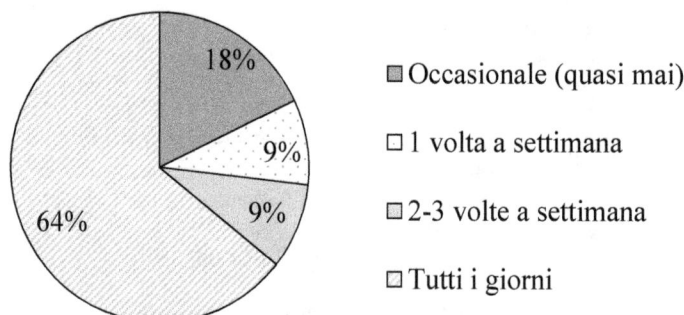

- Occasionale (quasi mai)
- 1 volta a settimana
- 2-3 volte a settimana
- Tutti i giorni

Figura 54 – I principali risultati delle indagini di mobilità per i pendolari/residenti

Disponibilità a pagare per il nuovo servizio ferroviario

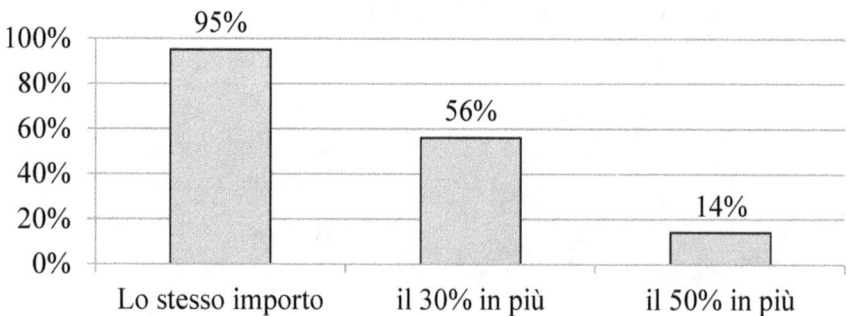

Figura 55 – La disponibilità a pagare per il nuovo servizio ferroviario per i residenti/pendolari intervistati

Con l'ausilio dei conteggi di traffico e delle indagini di mobilità è stato calibrato un modello di scelta modale distinto per motivo dello spostamento (lavoro, studio e altri motivi) attraverso l'utilizzo del software di calibrazione BIOGEME (Bierlaire, 2003). Il modello calibrato è stato poi applicato per stimare la domanda potenzialmente deviata dall'auto e dal bus a favore del nuovo servizio ferroviario. Il modello di scelta modale Logit Multinomiale (Cascetta, 2006) calibrato, ha permesso di stimare la domanda $d_{Formia\text{-}Gaeta,ferro}$ (persone/giorno) tra Formia e Gaeta catturata dal nuovo servizio ferroviario (modo *ferro*):

$$d_{Formia\text{-}Gaeta,ferro} = d_{Formia\text{-}Gaeta} \cdot p(ferro/Formia\text{-}Gaeta) \quad (1)$$

dove:
$d_{Formia\text{-}Gaeta}$ (persone/giorno) è la domanda totale attuale con tutti i modi di trasporto, stimata tramite i conteggi e le indagini;
$p(ferro/Formia\text{-}Gaeta)$ è la probabilità di scegliere il nuovo modo *ferro* per lo spostamento tra Formia e Gaeta.
A sua volta, la probabilità di scegliere il modo *ferro* risulta:

$$p(ferro/Formia\text{-}Gaeta) = V\_ferro_i / \Sigma_i \, exp(V_i)$$

dove V_ferro_i è l'utilità sistematica associata al modo ferro, mentre V_i e l'utilità sistematica associata al generico modo *m*. A sua volta la generica V_i è stata stimata come $V_i = \Sigma_j \; \beta_j \cdot X_{j,i}$ (Tabella 49). L'equazione (1) è stata applicata per i tre motivi dello spostamento individuati (lavoro, studio e altri motivi) e poi sommati per ottenere la domanda "*ferro*" complessiva.

Per il caso applicativo proposto, i tempi e i costi di viaggio per le diverse alternative modali sono stati stimati sulla base dell'offerta di trasporto attuale e programmata di NP (come riportato nel paragrafo 5.4.3). È stato inoltre stimato il valore monetario del tempo (*VOT* o *VTTS*) utile per le analisi economiche pari a 10,08 euro.

In Tabella 52 sono riportati i principali risultati della stima della domanda di residenti/pendolari catturata dal nuovo collegamento ferroviario. In particolare, è stato stimato che in un giorno feriale medio 2.599 utenti saranno mediamente catturati dall'auto e dal bus a favore della ferrovia. Considerando che il numero di giorni feriali in un anno è pari a 250 e che la distanza media su minimo percorso stradale tra Formia e Gaeta è 8,7 km, è stata stimata la domanda annuale (espressa in persone, veicoli e veicoli*km) deviata a favore del nuovo collegamento ferroviario.

Attributi risultati significativi nel modello	modo Auto	modo Bus/Treno
Tempo di viaggio	X	X
Tempo di accesso ed egresso		X
Tempo di attesa		X
Costo dello spostaento	X	X
Costante specifica alternativa		X

Tabella 49 – Gli attributi del modello di scelta modale

I parametri del modello	Motivo lavoro	Motivo studio	Motivo altro
Tempo di viaggio (1/ora)	-1,83	-1,45	-1,53
Tempo di accesso ed egresso (1/ora)	-0,31	-0,77	-0,22
Tempo di attesa (1/ora)	-4,19	-3,54	-4,74
Costo (euro)	-0,15	-0,29	-0,11
Costante specifica alternativa	-0,70	2.09	-0,79

Tabella 50 – I valori dei parametri del modello di scelta modale calibrato

I parametri del modello	Valore del tempo VTTS (Euro/ora)
Motivo lavoro	12,22
Motivo studio	5,00
Motivo altro	14,32
Media pesata	10,67

Tabella 51 – I valori del tempo VTTS per i singoli motivi dello spostamento

L'andamento, per l'intero periodo di analisi, delle variazioni assolute di veicoli*km totali (Figura 56) per la nuova alternativa progettuale e della domanda sistematica deviata da tutti i modi è stata stimata in funzione delle previsioni di crescita della popolazione fornite dall'ISTAT per la Regione Lazio (fonte: ISTAT, 2016-2047).

Domanda catturata dal nuovo servizio ferroviario	
Passeggeri/giorno	2.599
Passeggeri/anno	649.775
Δveicoli*km/anno	2.267.976

Tabella 52 — Stima della domanda di residenti/pendolari catturata dal nuovo collegamento ferroviario (deviata dall'auto e dal bus)

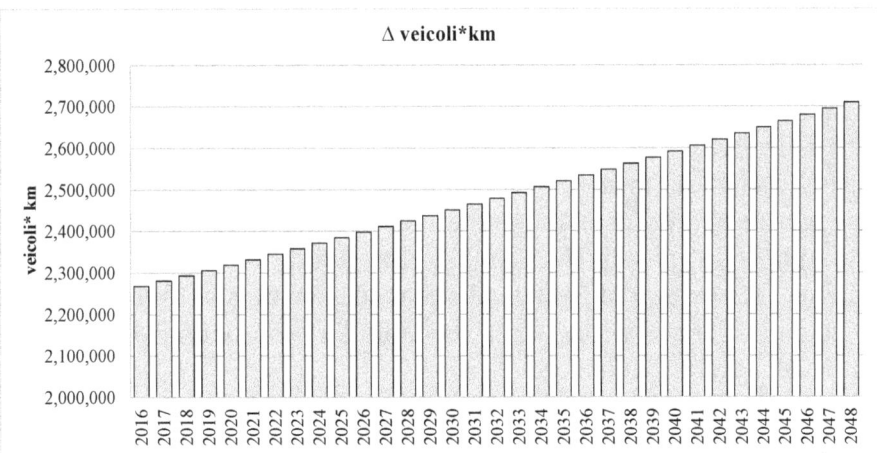

Figura 56 – Andamento delle riduzioni assolute di veicoli*km dei pendolari imputabili alla realizzazione della linea Formia-Gaeta

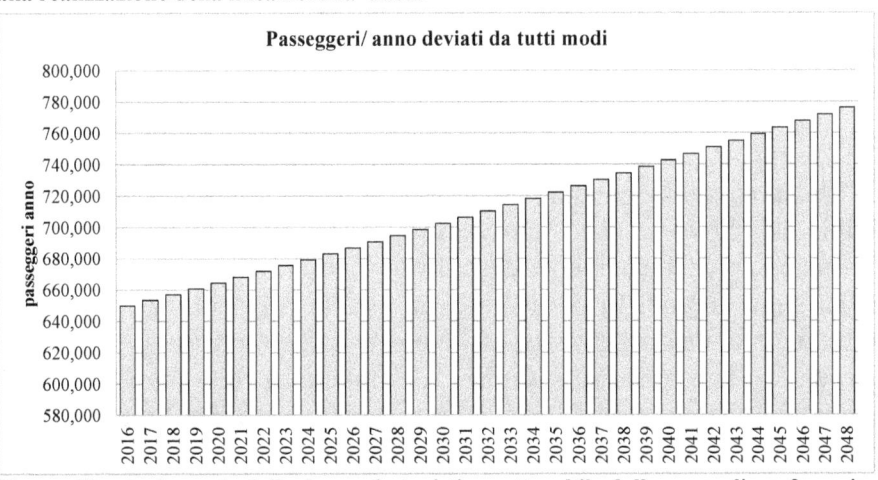

Figura 57 – Andamento della domanda turistica catturabile dalla nuova linea ferroviaria Formia-Gaeta

143

5.4.3.2 Le indagini di mobilità e la stima diretta della domanda di turisti catturabili dal nuovo collegamento ferroviario

L'area oggetto compresa tra Formia e Gaeta è caratterizzata da una elevata affluenza turistico-balneare soprattutto nei mesi estivi. Il bacino di attrazione turistica comprende tutto il basso Lazio ed il nord della Campania. Molto consistente è anche il flusso di pendolari turisti che, soprattutto nei mesi giugno, luglio e settembre, raggiungono queste mete la mattina per rientrare la sera di fatto contribuendo non poco alla già elevata congestione stradale dell'area. Tramite indagini di mobilità eseguite ad-hoc per lo studio, si è stimato che in un giorno estivo (festivo) medio ci sono circa 35.000 veicoli privati che impegnano la viabilità locale per raggiungere le spiagge dell'area. La sola spiaggia di Serapo ospita d'estate mediamente circa 11.000 bagnanti/giorno (con picchi di 15.000). La futura localizzazione della stazione ferroviaria di Gaeta dista poche centinaia di metri dalla spiaggia di Serapo, rendendo la modalità ferroviaria una valida alternativa all'auto individuale:

a) tramite un **interscambio modale presso uno dei parcheggi nei pressi della stazione di Formia**, facendo risparmiare anche molte decine di minuti di viaggio nelle ore di punta estive;

b) **utilizzando la linea ferroviaria nazionale sino a Formia per poi usufruire del nuovo collegamento** ferroviario sino alle destinazioni balneari di Gaeta (molte origini degli spostamenti turistici partono da Comuni ben serviti da collegamenti nazionali ferroviari verso Formia).

Per la stima della domanda di mobilità turistica potenzialmente catturabile dal nuovo servizio ferroviario (secondo uno dei due modelli di diversione precedentemente descritti) è stato utilizzata la metodologia della stima diretta. In particolare, attraverso dei conteggi di traffico effettuati nei mesi di giugno, luglio e agosto 2016 presso le spiagge di Gaeta, è stato possibile stimare il numero medio totale di turisti/giorno che nel periodo estivo frequentano il litorale. In aggiunta ai conteggi di traffico, nello stesso periodo è stata condotta un'indagine di mobilità di tipo CAWI presso la spiaggia di Serapo sottoponendo ad un campione casuale di bagnanti un questionario suddiviso in due sezioni:

a) la prima parte relativa ad investigare le caratteristiche socio-economiche (genere, età, professione) e dello spostamento (es.frequenza dello spostamento, modi di trasporto);
b) la seconda parte del questionario è composto da domande di tipo *SP (Stated Preference o Preferenze Dichiarate)*, ovvero domande sui comportamenti ipotetici dichiarati dagli utenti in scenari progettuali.

Complessivamente sono stati intervistati 420 turisti con un tasso di campionamento pari a circa il 4% del totale dei bagnanti/giorno della spiaggia di Serapo. Il campione intervistato ha permesso di verificare quanto già empiricamente noto: la spiaggia di Serapo è meta di turisti regionali e sovraregionali. È infatti emerso che la preponderanza di turisti provenienti da fuori regione è campana per il 65%, mentre il 15% proviene da altre regioni diverse da Campania e Lazio.

Quasi la totalità dei turisti raggiunge le spiagge con mezzi privati (oltre l'80% in auto, Figura 61) e l'88% di essi dichiara che sarebbe disposto a scegliere la ferrovia (secondo una delle due modalità indicate in precedenza) per raggiungere la meta turistica.

Quasi la totalità dei turisti raggiunge le spiagge con mezzi privati (oltre l'80% in auto, Figura 61) e l'88% di essi dichiara che sarebbe disposto a scegliere la ferrovia per raggiungere la meta turistica.

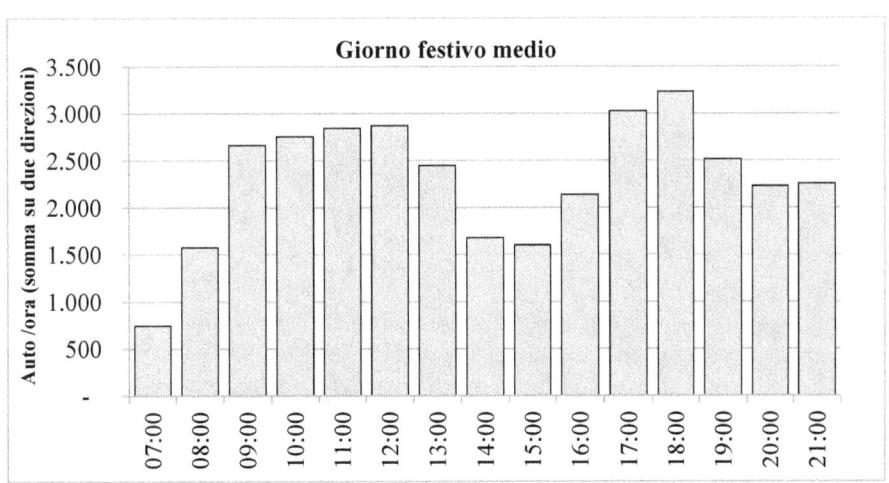

Figura 58 – Conteggi di traffico di veicoli medi giornalieri festivi sulla SR213 "via Flacca"

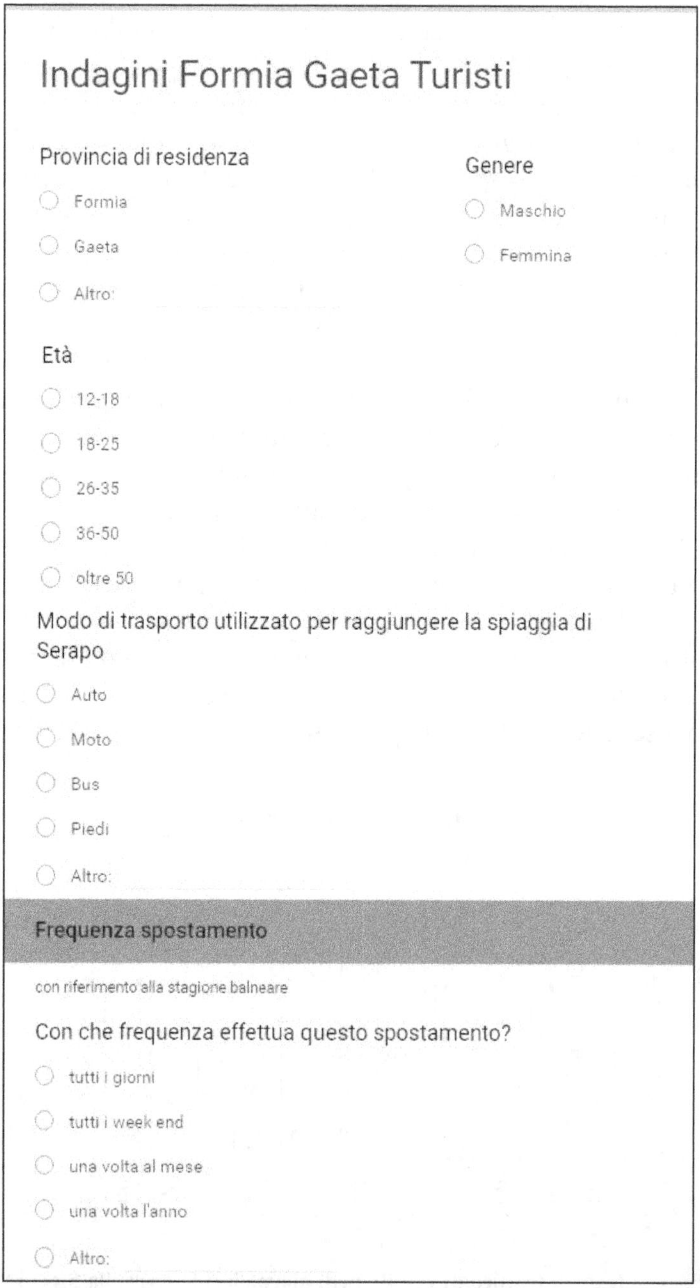

Consenso pubblico ed analisi economico-finanziaria nel "progetto di fattibilità" Linee guida ed applicazione al progetto della Linea ferroviaria Formia-Gaeta

Indagini Formia Gaeta Turisti

Provincia di residenza

○ Formia

○ Gaeta

○ Altro:

Genere

○ Maschio

○ Femmina

Età

○ 12-18

○ 18-25

○ 26-35

○ 36-50

○ oltre 50

Modo di trasporto utilizzato per raggiungere la spiaggia di Serapo

○ Auto

○ Moto

○ Bus

○ Piedi

○ Altro:

Frequenza spostamento

con riferimento alla stagione balneare

Con che frequenza effettua questo spostamento?

○ tutti i giorni

○ tutti i week end

○ una volta al mese

○ una volta l'anno

○ Altro:

Figura 59 – La prima sezione del questionario d'indagine per i turisti

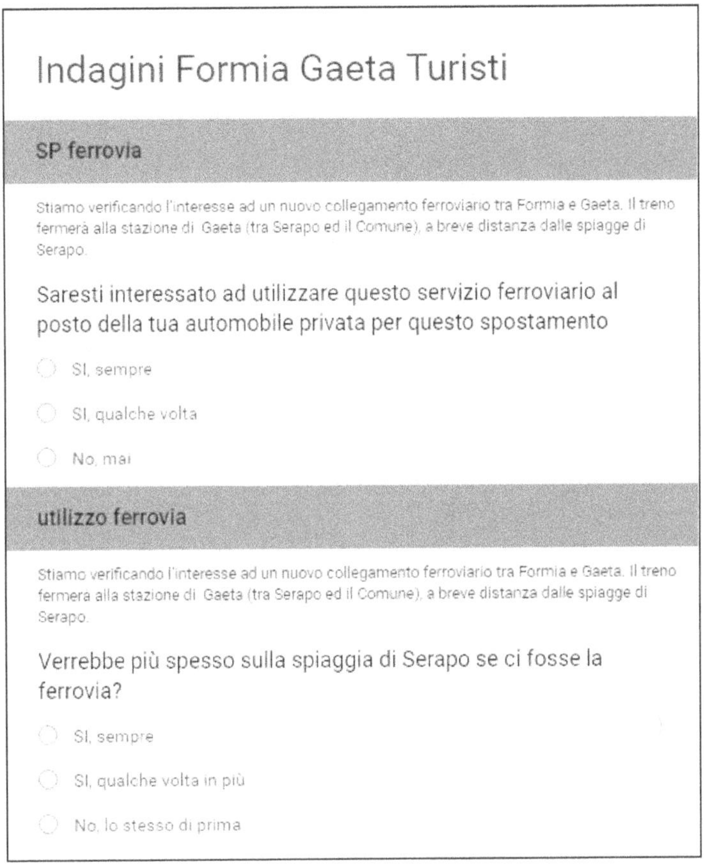

Indagini Formia Gaeta Turisti

SP ferrovia

Stiamo verificando l'interesse ad un nuovo collegamento ferroviario tra Formia e Gaeta. Il treno fermerà alla stazione di Gaeta (tra Serapo ed il Comune), a breve distanza dalle spiagge di Serapo.

Saresti interessato ad utilizzare questo servizio ferroviario al posto della tua automobile privata per questo spostamento

◯ SI, sempre

◯ SI, qualche volta

◯ No, mai

utilizzo ferrovia

Stiamo verificando l'interesse ad un nuovo collegamento ferroviario tra Formia e Gaeta. Il treno fermerà alla stazione di Gaeta (tra Serapo ed il Comune), a breve distanza dalle spiagge di Serapo.

Verrebbe più spesso sulla spiaggia di Serapo se ci fosse la ferrovia?

◯ SI, sempre

◯ SI, qualche volta in più

◯ No, lo stesso di prima

Figura 60 – La seconda sezione del questionario d'indagine per i turisti: le indagini SP (Stated Prefe-rence o Preferenze Dichiarate)

Dalle indagini di mobilità è emerso inoltre che con questo nuovo servizio ferroviario, aumenterebbe anche la frequenza dei viaggi turistici verso l'area oggetto di studio. L'86% degli intervistati ha infatti dichiarato che aumenterebbe la frequenza dei viaggi verso Formia e Gaeta che, se confermato, produrrebbe impatti non trascurabili sull'economia dell'area.

Consenso pubblico ed analisi economico-finanziaria nel "progetto di fattibilità" Linee guida ed applicazione al progetto della Linea ferroviaria Formia-Gaeta

Province di residenza

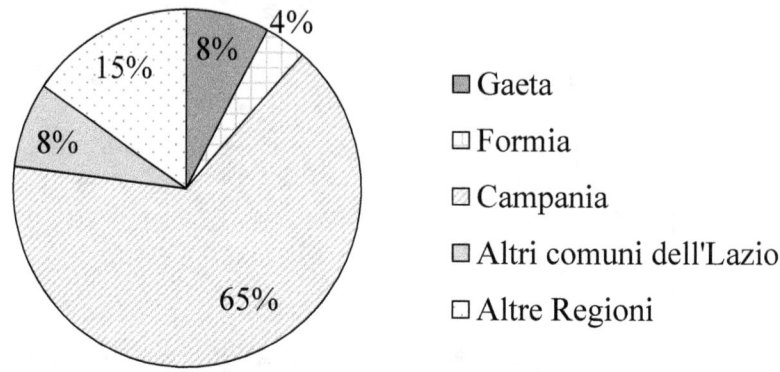

- Gaeta
- Formia
- Campania
- Altri comuni dell'Lazio
- Altre Regioni

Modo di trasporto utilizzato

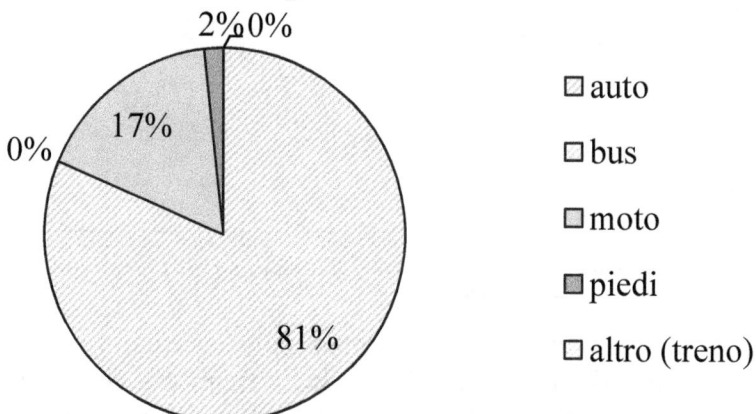

- auto
- bus
- moto
- piedi
- altro (treno)

Figura 61 – I principali risultati delle indagini presso i turisti

Disponibilità ad utilizzare come modo alternativo all'auto/moto la ferrovia

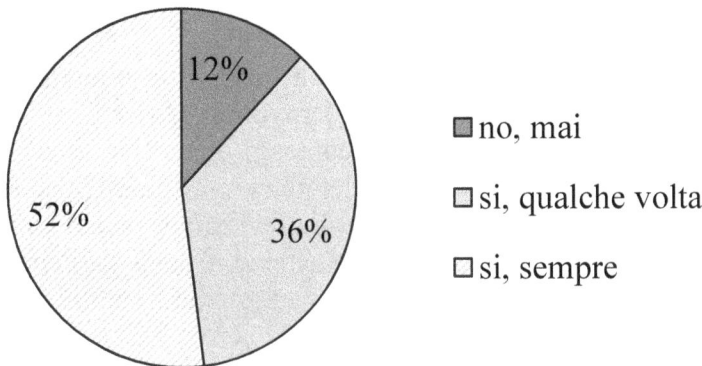

Frequenza con la quale si utilizzerebbe il servizio ferroviario per questo spostamento

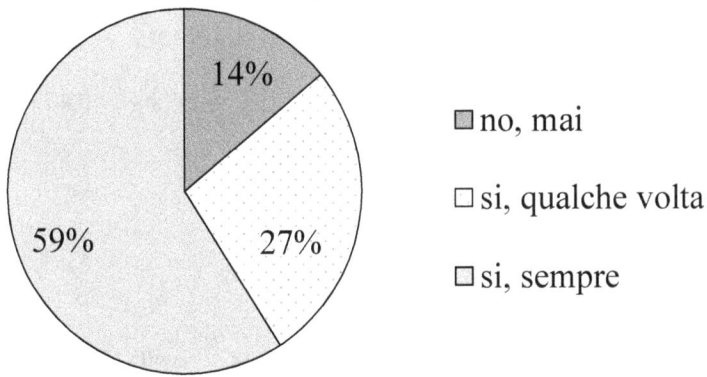

Figura 62 – I principali risultati delle indagini presso i turisti

A partire dall'elaborazione delle indagini di mobilità è stato possibile individuare il bacino territoriale della domanda turistica nonché stimare il numero medio di utenti che potenzialmente potrebbe essere catturato dal nuovo servizio ferroviario (domanda turistica deviata dall'auto/moto a favore della ferrovia):

$$d_{od\_turisti} = (1/\alpha) \cdot n_{od}$$

dove:

$d_{od\_turisti}$ è la domanda turistica deviata sulla ferrovia relativa al solo
(in via prudenziale) periodo estivo (giugno-settembre);

α è il tasso di campionamento;

n_{od} è la domanda di turisti intervistati che hanno dichiarato che utiliz-
zerebbero il nuovo servizio ferroviario nei mesi di giugno-
settembre stimata tramite i conteggi di traffico effettuati. La
domanda totale tiene conto del numero di giorni/anno di reale
affluenza verso le spiagge del litorale come stimato da conteggi di traffico (es. per giugno e settembre sono stati considerati
solo i fine settimana, per luglio e agosto tutti i giorni).

Se la ferrovia fosse attiva verrebbe più spesso?

**Figura 63 – La frequenza dei viaggi turistici verso Gaeta in seguito all'attivazione della
linea ferroviaria**

Al fine di pervenire ad una stima il più possibile prudenziale (ed evitare la più volte citata *"planning fallacy"*), anche in ragione del fatto
che diverse evidenze sperimentali suggeriscono che per questo tipo di
indagini spesso gli utenti sono portati a sovrastimare le risposte positive a scenari SP relativi a nuovi servizi, come stima di n_{od} è stato
utilizzato un valore pari al 50% di quello risultato dalle indagini, ovvero si è ipotizzato che cambierebbero modo di trasporto la metà di
quelli che hanno effettivamente dichiarato che lo farebbero. In Tabella 53 sono riassunti i risultati delle stime.

L'andamento delle variazioni assolute di veicoli*km totali e della domanda turistica deviata per l'intero periodo d'analisi è stata stimata a partire dalle previsioni della popolazione residente fornite dall'ISTAT per la regione Lazio e per la regione Campania (fonte: elab. a partire dai dati ISTAT, 2016-2047).

Domanda catturata dal nuovo servizio ferroviario	
Passeggeri/giorno	3.631
Passeggeri/anno	143.883
Auto/anno	41.501
Δveicoli*km/anno	3.136.641

Tabella 53 — Stima della domanda turistica catturata dal nuovo collegamento ferroviario

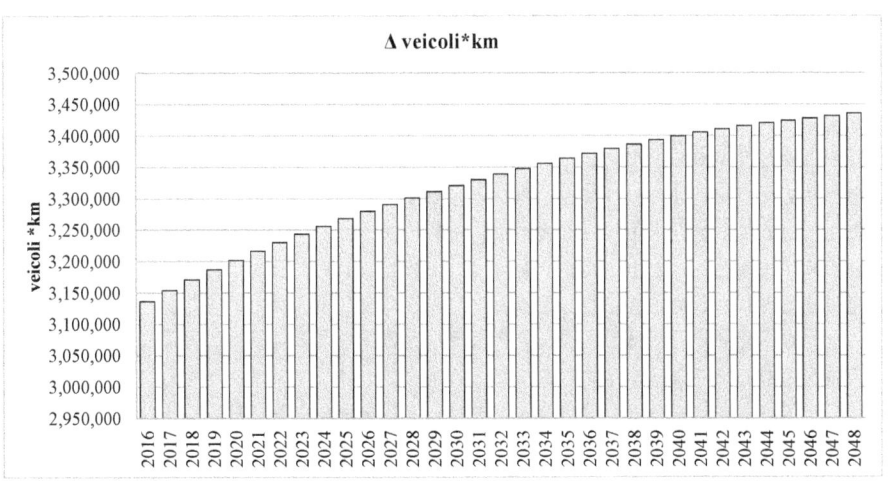

Figura 64 – Andamento delle riduzioni assolute di veicoli*km dei turisti imputabili alla realizzazione della linea Formia-Gaeta

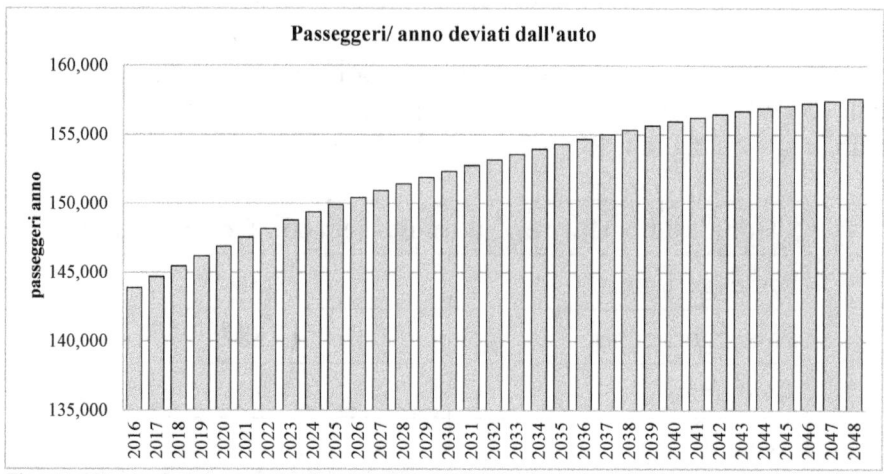

Figura 65 – Andamento della domanda turistica catturabile dalla nuova linea ferroviaria Formia-Gaeta

5.4.3.3 La stima del trend della composizione del parco veicolare circolante

Altro elemento utile per la valutazione degli impatti derivanti dalla realizzazione del nuovo collegamento ferroviario, è stato la stima dell'evoluzione del parco veicolare per classe EURO di emissione che si ipotizza circolerà nell'area di studio. Tale stima è stata effettuata tramite la metodologia descritta nel paragrafo 3.1.3.1 ed a partire dai dati ACI della provincia di Latina relativi al periodo 2000-2015 (Tabella 54 e Tabella 55).

% Auto		2016	2026	2036	2046
	0	9%	0%	0%	0%
	1	3%	1%	0%	0%
Classe EURO	2	12%	4%	0%	0%
	3	17%	8%	0%	0%
	4	33%	27%	10%	0%
	5	18%	17%	13%	0%
	6 e sup.	8%	43%	77%	100%
TOTALE		**100%**	**100%**	**100%**	**100%**

Tabella 54 – Stima del trend della composizione percentuale del parco Auto per classe EURO di emissione per la provincia di Latina (fonte: elaborazioni su dati ACI, 2000-2015)

% Veicoli merci[38]		2016	2026	2036	2046
Classe EURO	0	24%	12%	0%	0%
	1	7%	3%	0%	0%
	2	13%	5%	2%	0%
	3	17%	11%	6%	0%
	4	19%	16%	13%	6%
	5	15%	13%	11%	9%
	6 e sup.	5%	40%	68%	85%
	TOTALE	**100%**	**100%**	**100%**	**100%**

Tabella 55 – Stima del trend della composizione percentuale del parco veicolare merci per classe EURO di emissione per la provincia di Latina (fonte: elaborazioni su dati ACI, 2000-2015)

5.4.4 La stima dei costi

Per la stima dei costi imputabili al progetto di riqualificazione della linea ferroviaria Formia-Gaeta si è fatto riferimento al quadro finanziario fornito dal Consorzio Sud Pontino. Il costo totale per la riqualificazione e l'elettrificazione dell'opera, la realizzazione di un parcheggio multipiano e la costruzione di tre stazioni intermedie è stato quantificato in 34.788.618,50 €, di cui circa 8,8 Mln€ già spesi, come detto, per la realizzazione della prima tratta (2/3 della lunghezza totale). In via prudenziale, l'analisi economica è stata condotte considerando l'intero costo dell'opera e non solo la quota che oggi manca per il suo completamento ipotizzando che l'investimento sia equamente ripartito nei due anni imputabili alla realizzazione dell'opera.

Così come previsto dalla metodologia descritta nel capitolo 3.3.1, al costo dell'opera sono state applicate delle "*correzioni fiscali*" e delle "*correzioni attribuibili alle imperfezioni di mercato non fiscali*". Pertanto, i costi di costruzione (C_1) e quelli di manutenzione e gestione (C_2) sono stati moltiplicati per un coefficiente di correzione medio (Tabella 56) stimato a partire dai coefficienti di conversione relativi

---

[38] Per veicoli merci si intende la somma dei veicoli merci leggeri e pesanti.

alle singole voci di costo fornite dall'Unità di Valutazione degli investimenti pubblici (UVAL, 2014) e riportate in Tabella 15.

L'orizzonte temporale di analisi (ovvero il periodo di valutazione) si ritiene che sia inferiore alla vita economica dell'opera per cui, oltre ai costi di costruzione (C_1) e di gestione e manutenzione (C_2), è stato calcolato il valore residuo dell'opera (C_3) valutato però con segno positivo nelle analisi. Il valore residuo dell'opera rappresenta un'entrata del progetto e tiene conto dei ricavi e dei costi del progetto oltre l'orizzonte temporale d'analisi. Così come prescritto nella Delibera CIPE n. 11/2004, è stato, in via prudenziale, fissato pari al 10% del valore complessivo dell'opera, stornato delle "correzioni fiscali" e delle "correzioni attribuibili alle imperfezioni di mercato non fiscali".

Tipologia di Costo	Coefficiente di conversione
C_1. Costo d'investimento	0,83
C_2. Costi gestione e manutenzione ordinaria e straordinaria	0,85
C_3. Valore residuo investimento	0,84

Tabella 56- I coefficienti di correzione utilizzati per la stima dei costi d'investimento della riqualificazione della linea ferroviaria Formia-Gaeta (fonte: elab. a partire dalle Linee guida del Ministero delle Infrastrutture e dei Trasporti per la valutazione degli investimenti e dall'Unità di Valutazione degli investimenti pubblici – UVAL, 2014)

Tipologia di Costo	Totale Costo (prezzi 2016; r=3%) Mln€	Totale Costo (prezzi costanti) Mln€
C_1. Costo d'investimento	-28,45	-28,87
C_2. Costi gestione e manutenzione ordinaria e straordinaria	-11,17	-17,61
C_3. Valore residuo investimento	1,17	2,92

Tabella 57- I costi d'investimento stornati della componente fiscale e delle imperfezioni di mercato imputabili alla riqualificazione della linea ferroviaria Formia-Gaeta

5.4.5 La stima dei benefici

I benefici prodotti dall'attivazione della linea ferroviaria sono stati calcolati come differenza tra lo scenario di progetto P (attivazione della linea) e lo scenario di non progetto (NP). Questi impatti sono stati valutati in funzione dei soggetti che ne beneficeranno, ovvero:

- **benefici per gli utenti:** ovvero gli impatti per gli utenti del sistema di trasporto oggetto di studio;
- **benefici per i non utenti:** ovvero per coloro che, anche se non utenti di trasporto, percepiranno deli impatti (benefici) per la realizzazione dell'intervento progettuale.

Nei successivi paragrafi saranno illustrate le metodologie seguite e i risultati delle stime per le singole voci di beneficio (riassunte in Tabella 58).

	Tipologia di Benefici	Totale (prezzi 2016; r=3%) mEur	Totale (prezzi costanti) mEur
Utenti	B_1. Surplus Consumatore (pendolari/ residenti)	35,35	56,05
	B_2. Riduzione dei Costi e Tempi (Surplus turisti)	13,62	21,60
	B_3. Benefici non percepiti	9,25	14,67
Non utenti	B_4. Riduzione gas climalteranti	2,70	4,28
	B_5. Riduzione emissioni inquinanti	1,03	1,64
	B_6. Riduzione emissioni sonore	0,10	0,16
	B_7. Riduzione incidentalità	0,69	1,10
	B_8. Riduzione di congestione	2,55	4,05

Tabella 58 – I benefici per la riattivazione della linea ferroviaria Formia-Gaeta a prezzi 2016 e a prezzi costanti

5.4.5.1 I benefici per gli utenti

I benefici per gli utenti stimati come variazione rispetto allo scenario di non progetto NP sono stati:

- variazione di "surplus del consumatore" per i residenti/pendolari di Formia e Gaeta;
- variazioni (risparmio) di tempo e costo monetario per la domanda di turisti
- variazioni di benefici non percepiti per tutti gli utenti del sistema (residenti e turisti).

B1. Surplus Consumatore (pendolari/residenti)

I benefici per gli utenti vanno in genere stimati tramite la quantificazione della variazione del *"surplus del consumatore"*, che a sua volta è funzione della variazione di costo generalizzato percepito di trasporto. La riattivazione della linea ferroviaria tra Formia e Gaeta rappresenterà una nuova ulteriore modalità di trasporto (opportunità) per coloro che si spostano tra i due Comuni interessati (indipendentemente se e quanto utilizzeranno il nuovo collegamento). Così come descritto nel paragrafo 3.2.2, tramite il modello di scelta modale Logit Multinomiale calibrato per i residenti di Formia e Gaeta, è stato possibile stimare il valore monetario imputabile alla variazione di surplus del consumatore ΔS_P tramite la relazione:

$$\Delta S_P =(S_P - S_{NP}) / \beta_{costo}$$

dove:

S_P e S_{NP} sono rispettivamente il surplus globale degli utenti nello scenario di Progetto ed in quello di Non Progetto, pari rispettivamente a $N_P \cdot s_P$ e $N_{NP} \cdot s_{NP}$;

N_P e N_{NP} sono il numero totale di utenti del sistema dei trasporti rispettivamente nello scenario di Progetto ed in quello di Non Progetto, comprensivo anche di quelli che non beneficeranno dell'intervento progettuale (es. continuano ad utilizzare l'auto privata). A vantaggio di sicurezza non sono stati considerati tutti gli utenti del sistema ma solo quelli (ovvero i rispettivi benefici) residenti all'interno del bacino di influenza delle stazioni della nuova linea. Da evidenze empiriche relative ad altri contesti analoghi è stato stimato che il bacino urbano di accesso in auto di una stazione ferroviaria è compreso tra 1,5 e 2,0 km. Per tale motivo sono stati considerati i soli benefici imputabili agli utenti residenti nel bacino delle stazioni di Formia e Geta (aree territoriali circolari intorno alle stazioni di raggio pari a 1,75 km);

s_P e s_{NP} sono rispettivamente il valore medio del surplus percepito (variabile di soddisfazione) ovvero il valore medio della massima utilità percepita fra tutti modi di trasporto associato al progetto (3 modi di trasporto: auto, bus, treno) ed al non progetto (2 modi di trasporto: auto e bus);

β_{costo} è il coefficiente di costo [1/€] (medio pesato sui motivi dello spostamento) stimato tramite il modello di scelta modale calibrato.

Nel caso specifico, poiché è stato, come detto, utilizzato il modello di scelta del modo stimato, la variabile di soddisfazione è stata stimata in forma chiusa tramite la relazione:

$$s(V) = \theta \ln \Sigma_j \, exp(V_j / \, \theta)$$

dove:

V e V_j sono le utilità sistematiche stimate associate alle singole modalità di trasporto;

θ è il parametro caratteristico del modello LOGIT.

Il trend per tutto il periodo d'analisi, dei benefici relativi al Surplus Consumatore (pendolari/residenti), è stato stimato a partire dall'andamento della popolazione (ISTAT, 2015-2047).

B2. Riduzione dei tempi e dei costi di viaggio (turisti)

Per l'aliquota di domanda relativa ai turisti è stato monetizzato il risparmio di tempo e di costo nella condizione di Progetto, rispetto a quella di Non Progetto, attraverso la relaizone:

$\Delta S_P = \Delta CG_P$ = *variazioni di tempo + variazioni di costo carburante*
= Δ*veicoli*ora * coefficiente di riempimento * VTTS +*
+Δ*veicoli*km * CONSUMO * Costo*

dove:

ΔCG_P è la variazione di costo generalizzato medio per gli utenti direttamente interessati dall'intervento;

$\Delta veicoli*ora$ è la variazione di veicoli*ora all'anno generata dal progetto (stimata con approccio diretto e illustrato nel paragrafo 5.4.4.2);

$\Delta veicoli*km$ è la variazione di veicoli*km all'anno generata dal progetto (stimata con approccio diretto e illustrato nel paragrafo 5.4.4.2);

coefficiente di riempimento è il coefficiente medio di riempimento di un veicolo pari a 3,5 passeggeri/auto (numero medio di passeggeri/auto che beneficeranno di una eventuale riduzione del tempo di viaggio), stimato attraverso le indagini ed i conteggi di traffico (paragrafo 5.4.4.2);

VTTS (a volte noto anche come VOT) è il valore monetario del tempo (€/ora);

CONSUMO è il consumo medio di carburante (a l/km) di un veicolo;

Costo è il costo medio (industriale) del carburante (€/l).

Il valore monetario del tempo, relativo a spostamenti di media e lunga percorrenza per motivo turismo è stato fissato pari a 7,00 €/ora come suggerito da Wardman et alii (2012). Inoltre, si è ipotizzato che il VTTS possa variare nel tempo (aumentare/diminuire) in ragione di come si stima che varierà il PIL. Per tale motivo è stata ipotizzata una elasticità del valore del tempo al PIL di 0,5 secondo le previsioni del Fondo Monetario Internazionale del 2016 (es. se si stima che il PIL crescerà dell'1%, si è ipotizzato che il VTTS cresca dello 0,5%).

Il consumo medio di carburante, mediato rispetto alla composizione del parco veicolare circolante nell'area di studio, ed il relativo costo industriale è stato stimato a partire dai dati forniti dall'Unione Petrolifera Italiana (2007) e dai dati COPERT (2012) (si veda la Tabella 59). Il trend dei benefici monetizzati inerenti al risparmio del costo percepito per tutto il periodo d'analisi (Figura 66) è stato stimato a partire dal trend della popolazione residente nelle regioni Lazio e Campania (ISTAT, 2015-2047).

Tipologia di strada	Consumo medio (km/l)	Consumo medio (l/100 km)	Costo industriale (€/litro)
Extra Urbana	15	6,7	0,687
Urbana	10	10	0,687

Tabella 59- Consumi medi e costo industriale del carburante per tipologia di strada percorsa (fonte: elab. su dati Unione Petrolifera Italiana, 2007 e COPERT 4, 2012)

B.3 Benefici non percepiti

L'ultima esternalità stimata per gli utenti del sistema riguarda i costi operativi, ovvero quei costi non percepiti imputabili, ad esempio, alle variazioni di consumo di lubrificanti, pneumatici ed alla manutenzione e deprezzamento del veicolo. Per la stima di tali costi si è utilizzato il valore economico unitario per le auto pari a 0,080 €/veicolo*km, proposto nelle Linee guida per la redazione di studi di fattibilità redatte dalla Regione Lombardia (2014). Il valore economico unitario moltiplicato per la variazione dei veicoli*km, anno per anno, rappresenta il valore monetario dei benefici non percepiti per tutti il periodo d'analisi (Figura 66).

5.4.5.2 I benefici per i non utenti

Una parte rilevante della valutazione economica riguarda la quantificazione degli effetti esterni (esternalità) prodotti dal progetto sia per l'ambiente (es. riscaldamento globale) che per l'uomo (es. inquinamento e sicurezza stradale).

B.4 Riduzione gas climalteranti

La stima dei benefici relativi alla riduzione dell'esternalità dei gas climalteranti è stata ottenuta moltiplicando le variazioni di veicoli*km prodotte dal progetto (stimate e illustrate nel paragrafo 5.4.4) per un costo marginale. Il costo marginale è stato stimato a partire dai coefficienti unitari (attualizzati al 2016) proposti dalla Comunità Europea (Ricardo-AEA DG MOVE,2014), pesati rispetto alla composizione del parco veicolare della provincia di Latina (ACI, 2014-2016). Inoltre, il costo unitario dell'emissione dei gas climalteranti è funzione della tipologia di strada su cui circola il veicolo; nel caso di Formia e

159

Gaeta, le strade di collegamento possono essere definite di tipo urbano per come definito in Ricardo-AEA DG MOVE (2014).

B.5 Riduzione emissioni inquinanti

La monetizzazione dei benefici relativi alla riduzione delle emissioni inquinanti per effetto della riqualificazione della linea ferroviaria Formia-Gaeta è stata stimata moltiplicando le variazioni di veicoli*km prodotte dal progetto (stime illustrate nel paragrafo 5.4.4) per un costo marginale. Il costo marginale è funzione del contesto territoriale in cui avvengono le emissioni (della densità di popolazione direttamente esposta a queste sostanze) ed è maggiore nelle aree più densamente abitate. Nel caso specifico, ci si è riferiti ai coefficienti unitari relativi all'area territoriale suburbana per come definito in Ricardo-AEA DG MOVE (2014), attualizzati al 2016 e pesati rispetto al parco veicolare della provincia di Latina (ACI, 2014-2016). Il prodotto del costo medio unitario (€/vkm) così stimato, per il delta veicoli*km (paragrafo 5.4.4) rappresenta il beneficio annuale relativo alla riduzione di emissioni inquinanti per effetto della riqualificazione della linea ferroviaria Formia-Gaeta.

B.6 Riduzione emissioni sonore

Le emissioni sonore sono state stimate moltiplicando le variazioni di veicoli*km prodotte per tipologia di veicolo imputabili al progetto per un costo marginale stimato a partire dai coefficienti marginali proposti dalla Comunità Europea (Ricardo-AEA DG MOVE, 2014). Il costo unitario delle emissioni sonore varia dal giorno alla notte (costo unitario maggiore di notte) ed è funzione dell'area territoriale in cui si emette il suono/rumore (la linea ferroviaria Formia-Gaeta si estenderà in un'area suburbana per come definito in Ricardo-AEA DG MOVE, 2014). I valori dei benefici considerati nell'analisi economica sono a netto del costo dell'emissioni inquinanti prodotte dall'esercizio ferroviario.

B.7 Riduzione incidentalità

L'impatto del progetto sull'incidentalità stradale è stato stimato moltiplicando le variazioni di veicoli*km imputabili al progetto per i costi marginali proposti dalla Comunità Europea (Ricardo-AEA DG MOVE, 2014). Il costo unitario dell'incidentalità è funzione della tipologia di strada in cui circolano i veicoli. Nel caso specifico, la riattivazione della linea ferroviaria sottrarrà veicoli (veicoli*km) a strade urbane per come definito in Ricardo-AEA DG MOVE (2014).

B.7 Riduzione di congestione

Oltre alla variazione del "surplus del consumatore" (tempi e costi monetari), che rappresentano i benefici individuali direttamente percepiti dagli utenti del sistema, è stato stimata come ulteriore esternalità del trasporto stradale anche la "disutilità pura da traffico" (secondo l'accezione della Comunità Europea), attraverso i parametri unitari proposti dalla Comunità Europea (Ricardo-AEA DG MOVE, 2014). Il costo unitario della congestione stradale è funzione dell'area territoriale in cui è insediata l'infrastruttura di trasporto e del suo grado di congestione (più è alto il grado di congestione di partenza di una infrastruttura stradale, maggiore sarà il beneficio sociale derivante da una riduzione di veicoli*km). Per effetto del progetto i veicoli*km saranno sottratti da strade di tipo urbano con un flusso prossimo al livello di capacità per come definito in Ricardo-AEA DG MOVE (2014). Il prodotto tra il costo unitario (€/vkm), così stimato, e l'andamento del delta di veicoli*km per tutto il periodo d'analisi, rappresenta i benefici per la riduzione della congestione stradale per il progetto di riqualificazione esaminato (Figura 66).

5.4.6 Gli indicatori di prestazione

Una volta definiti e quantificati gli effetti rilevanti per l'analisi in termini monetari, l'alternativa progettuale è stata confrontata con lo scenario di Non Progetto stimando i seguenti indicatori sintetici:

Valore Attuale Netto (VAN) che riporta all'anno iniziale i diversi effetti relativi al progetto i, calcolati per il periodo di analisi T come:

$$VAN_i(r) = \sum_{t=0}^{T} \left(\frac{\sum_j B_j^t - \sum_j C_j^t}{(1+r)^t} \right)$$

Saggio di Rendimento Interno (SRI) definito come il valore del tasso di sconto r_0 che annulla il VAN calcolato in un periodo di T anni relativo al progetto i:

$$SRI_i = r_o; \quad VAN_i(r_o) = 0$$

Rapporto benefici / costi (Bi/Ci) definito come il rapporto in valore assoluto tra i benefici ed i costi attualizzati all'anno iniziale:

$$B_i / C_i = \sum_{t=0}^{T} \left| \frac{\sum_j B_j^t}{(1+r)^t} \right| \bigg/ \sum_{t=0}^{T} \left| \frac{\sum_j C_j^t}{(1+r)^t} \right|$$

PayBack Period (PBP$_i$) attualizzato, ovvero il numero minimo di anni T_{min} oltre il quale si verifica un VAN positivo (vi è il ritorno dell'investimento):

$$PBP_i = T_{min}; \quad VAN_i(r) > 0$$

Come tasso di sconto è stato utilizzato, come detto, il valore di r=3%, così come suggerito dalla Commissione Europea nel Regolamento di esecuzione n. 207/2015. Di seguito si riportano i valori stimati per il caso studio analizzato. In particolare, dai risultati emerge che **l'opera risulta economicamente conveniente**, infatti:

- il VAN è positivo e pari a circa 27 M€;
- il SRI è molto maggiore del tasso di sconto (circa 9% contro 3%);
- il rapporto benefici/costi è circa pari a 2;
- il tempo di ritorno dell'investimento è di soli 15 anni (PayBack Period).

Gli indicatori sintetici di valutazione	
VAN	26,83
SRI	8,60%
RAPPORTO B/C	1,7
PAY-BACK PERIOD (ANNI)	15

Tabella 60- Gli indicatori sintetici per la valutazione economica della linea ferroviaria Formia-Gaeta

		intervallo analisi 30 anni		2017	2018
				1	2
				Costruzione	
		TOTALE (prezzi 2016; r=3%)	TOTALE (prezzi costanti)		
COSTI		C_1. Costo d'investimento	-28,45	-28,87	-14,44	-14,44
		C_2. Costi gestione e manutenzione ordinaria e straordinaria	-11,17	-17,61	0,00	0,00
		C_3. Valore residuo investimento	1,17	2,92	0,00	0,00
		TOTALE COSTI	-38,46	-43,57	-14,44	-14,44
BENEFICI	UTENTI	B_1. Surplus Consumatore (pendolari/ residenti)	35,34	56,05	0,00	0,00
		B_2. Riduzione dei Costi e Tempi (Surplus turisti)	13,62	21,60	0,00	0,00
		B_3. Benefici non percepiti	9,25	14,67	0,00	0,00
	NON UTENTI	B_4. Riduzione gas climalteranti	2,70	4,28	0,00	0,00
		B_5. Riduzione emissioni inquinanti	1,03	1,64	0,00	0,00
		B_6. Riduzione emissioni sonore	0,10	0,16	0,00	0,00
		B_7. Riduzione incidentalità	0,69	1,10	0,00	0,00
		B_8. Riduzione di congestione	2,55	4,05	0,00	0,00
		TOTALE BENEFICI	65,29	103,55	0,00	0,00
		BENEFICI - COSTI	26,83	59,98	-14,44	-14,44

(mEUR)

2019	2020	2021	2026	2031	2036	2041	2046	2048
3	4	5	10	15	20	25	30	32
Gestione e Manutenzione								
0,00	0,00	0,00	0,00	0,00	0,00	0,00	0,00	0,00
-0,59	-0,59	-0,59	-0,59	-0,59	-0,59	-0,59	-0,59	-0,59
0,00	0,00	0,00	0,00	0,00	0,00	0,00	0,00	2,92
-0,59	-0,59	-0,59	-0,59	-0,59	-0,59	-0,59	-0,59	2,34
1,78	1,79	1,80	1,83	1,86	1,89	1,91	1,92	1,92
0,69	0,69	0,69	0,71	0,72	0,73	0,74	0,74	0,74
0,46	0,47	0,47	0,48	0,49	0,49	0,50	0,50	0,50
0,14	0,14	0,14	0,14	0,14	0,14	0,15	0,15	0,15
0,05	0,05	0,05	0,05	0,05	0,06	0,06	0,06	0,06
0,01	0,01	0,01	0,01	0,01	0,01	0,01	0,01	0,01
0,03	0,04	0,04	0,04	0,04	0,04	0,04	0,04	0,04
0,13	0,13	0,13	0,13	0,13	0,14	0,14	0,14	0,14
3,29	3,30	3,32	3,39	3,44	3,49	3,53	3,55	3,56
2,70	2,71	2,73	2,80	2,86	2,90	2,94	2,96	5,89

Figura 66 – Sintesi dei risultati: l'analisi economica per la linea ferroviaria Formia-Gaeta

5.4.7 L'analisi di sensitività

Al fine di verificare la robustezza dei risultati è stata eseguita
un'analisi di sensitività. Attraverso tale analisi è stato possibile verificare se, variando le ipotesi riguardanti sia le previsioni di traffico che
i parametri monetari o di stima, gli indicatori di prestazione (ad esempio il VAN) conducono agli stessi risultati di convenienza economica.
In particolare sono state applicate delle variazioni in positivo e negativo (±10% e ±20%) ai parametri/indicatori funzionali alle stime dei
flussi di traffico, dei benefici e dei costi del progetto ed è stato valutato se, e in che misura, cambiavano gli indicatori sintetici stimati (es.
VAN e SRI).

Per valutare la sensitività delle stime di traffico rispetto al VAN
sono stati variati: *i)* i delta veicoli km ed i delta veicoli ora, *ii)* l'utilità
di scegliere la ferrovia (stimata come combinazione lineare degli attributi del livello di servizio per i loro peso - paragrafo 5.4.4.1) che
influenza, per l'aliquota di domanda di residenti/pendolari, la probabilità di scegliere la ferrovia nello scenario d'intervento (quindi la
domanda sistematica deviata dall'auto e bus verso la ferrovia) *iii)* i
coefficienti di riempimento medio delle auto sia per i residenti che per
i turisti (come illustrato in precedenza questi valori sono stati osserva-
ti durante la campagna d'indagine paragrafo 5.4.4.1 e 5.4.4.2).

La robustezza dei benefici è stata valutata variando in positivo
ed in negativo il valore dei coefficienti di costo unitario (€/vkm) stimati. Inoltre è stato variato il valore del tempo (VTTS) che incide sui
benefici percepiti dei turisti (riduzione del tempo di viaggio).

Anche ai costi d'investimento e di manutenzione, sono state applicate delle variazioni del ±10% e del ±20% valutato il VAN corrispondente.

I risultati dell'analisi di sensitività mostrano che l'utilità del modo "ferro" è una **variabile critica** del progetto (seguendo la
definizione introdotta nel paragrafo 3.4), infatti l'elasticità del VAN
risulta pressoché uguale ad 1. Il delta veicoli*km, il delta veicoli*ora,
il coefficiente medio di riempimento delle auto sia per gli spostamenti
pendolari che per gli spostamenti turistici, il VTTS ed i costi
d'investimento e manutenzione sono risultate **variabili mediamente
critiche (o "di attenzione")**.

In Figura 67 è riportato il valore del VAN (in Mln€) al variare delle variabili critiche e di progetto.

Infine è stata implementata anche un'analisi di sensitività del VAN al tasso di sconto *r*, che è risultata (come spesso accade) una delle variabili più critiche.

VAN [MLN €]

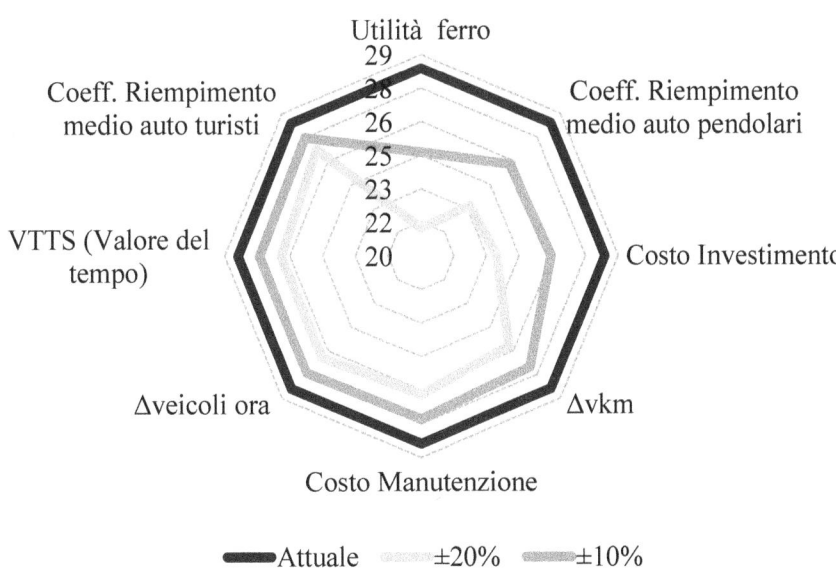

Figura 67 – La variazione del VAN al variare delle variabili risultate critiche o di attenzione

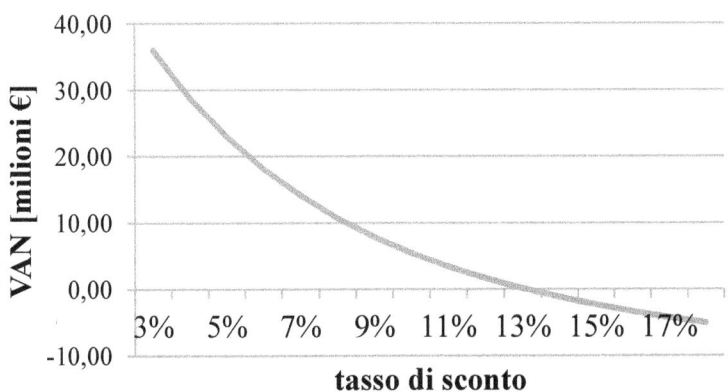

Figura 68 – La variazione del *VAN* al variare del tasso di sconto *r*

Consenso pubblico ed analisi economico-finanziaria nel "progetto di fattibilità" Linee guida ed applicazione al progetto della Linea ferroviaria Formia-Gaeta

	Variabile	Δ % Variabile	Δ % VAN
Traffico	Δ vkm	20%	9,5%
		10%	4,7%
		-10%	-4,7%
		-20%	-9,5%
	Utilità (ferro)	-20%	30,8%
		-10%	14,6%
		10%	-13,2%
		20%	-25,2%
	Δ Veicoli ora	-20%	-7,0%
		-10%	-3,5%
		10%	3,5%
		20%	7,0%
	Coefficiente Riempimento medio auto turisti	-20%	8,7%
		-10%	3,9%
		10%	-3,2%
		20%	-5,8%
	Coefficiente Riempimento medio auto pendolari /residenti	-20%	-18,3%
		-10%	-9,2%
		10%	9,2%
		20%	18,5%
Benefici	Costo unitario Congestione	-20%	-1,8%
		-10%	-0,9%
		10%	1,8%
		20%	0,9%
	Costo unitario Emissioni inquinanti	-20%	-1,8%
		-10%	-0,8%
		10%	0,4%
		20%	0,7%

	Variabile	Δ % Variabile	Δ % VAN
Benefici	Valore del tempo (VTTS)	-20%	-7,0%
		-10%	-3,5%
		10%	3,5%
		20%	7,0%
	Costo unitario Gas climalteranti	-20%	-1,9%
		-10%	-0,9%
		10%	0,9%
		20%	1,9%
	Costo Unitario Incidentalità	-20%	-0,5%
		-10%	-0,2%
		10%	0,2%
		20%	0,5%
	Costo unitario Emissioni sonora	-20%	0,0%
		-10%	0,0%
		10%	0,0%
		20%	0,0%
	Costi non percepiti	-20%	-6,4%
		-10%	-3,2%
		10%	3,2%
		20%	6,4%
Costi	Costo d'investimento	-20%	-17,3%
		-10%	-8,6%
		10%	8,6%
		20%	17,3%
	Costi di manutenzione e gestione	-20%	7,7%
		-10%	3,8%
		10%	-3,8%
		20%	-7,7%

Figura 69 – I risultati dell'analisi di sensitività: in grigio scuro sono evidenziate le "*variabili critiche*"; in grigio chiaro le "*variabili d'attenzione*"; in bianco le variabili "*non critiche*"

5.5 Le fasi del dibattito pubblico sul progetto della linea ferroviaria Formia-Gaeta

Il Nuovo Codice degli Appalti, come detto, prevede l'introduzione del dibattito pubblico (art. 22 del D.lgs. n. 50 del 2016), che risulta obbligatorio per le "*grandi opere*" (con investimenti superiori ai 10 milioni di euro) già sul progetto di fattibilità. In particolare, nell'art. 22 si individuano tutte le attività che deve comprendere una consultazione pubblica. Il dibattito deve concludersi entro 4 mesi, durante i quali si prevede la convocazione di conferenze, a cui sono invitate le amministrazioni interessate e gli altri portatori di interesse. Gli esiti del dibattito devono inoltre essere resi pubblici evidenziando in che modo le osservazioni dei portatori di interesse (es. i cittadini) sono state tenute in considerazione nel progetto finale.

Coerentemente con la normativa vigente e secondo quanto definito nelle linee guida proposte e descritte nel Capitolo 4, il dibattito pubblico sul progetto di riqualificazione della linea ferroviaria Formia-Gaeta è stato effettuato secondo le seguenti fasi:

a) individuazione del coordinatore del processo e definizione dei comitati di lavoro;

b) individuazione degli stakeholders e definizione delle strategie di engagement;

c) divulgazione delle informazioni riguardanti il progetto ed ascolto delle esigenze e delle proposte degli stakeholders;

d) consultazione e partecipazione attiva degli stakeholders al progetto.

Al fine di aumentare la credibilità dei risultati nonché il consenso intorno al progetto da realizzare, attività preliminare al processo di dibattito pubblico è stata l'individuazione di un *responsabile del confronto*, ovvero un soggetto terzo a cui affidare il coordinamento del processo e che avrà anche il compito di rendere pubblici gli esiti della consultazione. Tale incarico è stato affidato all'ing. Armando Cartenì, docente di Pianificazione dei Sistemi di Trasporto. Inoltre, al fine di rendere tutto il processo di maggiore qualità e trasparenza, sono stai definiti anche specifici comitati/tavoli di lavoro tra cui:

- *tavolo di indirizzo*, ovvero incontri pubblici ai quali sono state invitate le Amministrazioni dei Comuni di Formia e Gaeta;
- *comitato scientifico*, costituito da un gruppo di ricerca appartenente al Laboratorio di Analisi dei Sistemi di Trasporto dell'Università degli Studi di Napoli Federico II, al fine di supportare scientificamente le attività tecniche implementate;
- *comitato operativo*, composto da tecnici esperti sul progetto (es. tecnici professionisti di settore e studiosi accademici).

La prima fase del dibattito pubblico è consistita nell'individuazione dei portatori di interesse e delle differenti modalità con cui coinvolgerli (strategie di "ingaggio") nel processo. Questa attività è stata svolta congiuntamente dal coordinatore del processo e dai comitati individuati. Sono state così individuate le differenti categorie di stakeholders interessate al progetto:

- gli stakeholders chiave: coloro che hanno <u>alto interesse e alto potere</u> nei confronti del progetto (i Sindaci dei Comuni coinvolti, l'assessore ai Trasporti della Regione Lazio ed il Ministero delle Infrastrutture e dei Trasporti);
- gli stakeholders istituzionali: coloro che hanno <u>basso interesse</u> nei confronti del piano/progetto <u>ma (potenzialmente) alto potere</u> di agevolare o ostacolare le decisioni prese (Soprintendenze ed altri *opinion leader* potenzialmente coinvolti);
- gli stakeholders operativi: coloro che hanno <u>alto interesse ma basso potere</u> (gli utenti del sistema di trasporto, come i cittadini ed i turisti);
- gli stakeholders marginali: coloro che hanno <u>basso interesse e basso potere</u> e che quindi vengono interessati solo marginalmente dal piano/progetto (es. residenti di comuni confinanti e non direttamente coinvolti nel progetto).

Individuati gli stakeholders si è proceduto all'individuazione delle strategie di coinvolgimento, tra le quali sono state implementate: *i)* il coinvolgimento diretto; *ii)* l'individuazione e l'informazione; *iii)* l'ascolto attivo; *iv)* l'informazione e la comunicazione.

La seconda attività del dibattito pubblico ha riguardato la divulgazione delle informazioni riguardanti il progetto e l'ascolto delle esigenze e delle proposte derivanti degli stakeholders individuati. Per fare ciò è stato progettato un questionario di indagine suddiviso in 3 sezioni con finalità differenti:

1) descrizione del progetto della linea Formia-Gaeta (collocazione delle stazioni, tempo di attesa, frequenza, costo del biglietto, ecc.);

2) profilazione dell'utente intervistato secondo le sue caratteristiche socio-economiche e di coinvolgimento nel progetto;

3) valutazione dell'interesse verso il progetto e valutazione di eventuali suggerimenti/commenti.

Le indagini sono state condotte tra febbraio e luglio 2016, prima presso i residenti dei Comuni coinvolti e poi presso i turisti vacanzieri che frequentano le attività ricreative della zona nei mesi estivi.

Le interviste ai residenti sono state eseguite:

– presso i principali parcheggi di Formia e Gaeta;

– presso le fermate più frequentate degli autobus;

– presso le principali Scuole superiori dei Comuni coinvolti;

– presso le principali strade e piazze dei Comuni coinvolti.

Complessivamente sono stati intervistati circa 1.100 residenti, con un tasso di campionamento del 2%. Dai risultati dell'indagine è emerso che il 76% degli utenti sarebbe interessato al nuovo servizio di trasporti (Figura 70), il 96% di quelli che ad oggi compie uno spostamento con l'auto privata o con il bus sarebbe disposto a lasciare l'auto o l'autobus e ad utilizzare il nuovo collegamento ferroviario. Inoltre, l'56% di questi sarebbe disposto a pagare fino al 30% in più rispetto al costo attualmente sopportato (con l'auto privata o con l'autobus), per un servizio più affidabile che permetta di evitare di trascorrere molto tempo nel traffico.

La seconda campagna d'indagine, effettuata durante i mesi di luglio e agosto 2016, è stata rivolta ai turisti vacanzieri, intervistati sulla spiaggia di Serapo (Gaeta). Complessivamente sono stati intervistati circa 420 turisti, con un tasso di campionamento del 4%. I risultati delle interviste mostrano che l'88% di essi sarebbe disposto ad utilizzare la ferrovia ed il 90% di questi aumenterebbe anche la frequenza dei viaggi verso questi territori se vi fosse disponibile un servizio regolare e di qualità come quello ferroviario proposto.

La conclusione di **questa fase ha evidenziato un alto interesse degli stakeholders sul progetto proposto**; non solo infatti i cittadini (turisti) dichiarano di essere molto favorevoli al progetto, ma la mag-

gior parte di questi dichiara che sarà uno dei potenziali utenti del trasporto ferroviario proposto.

**Ritieni utile che venga riattivato il collegamento
ferroviario?**

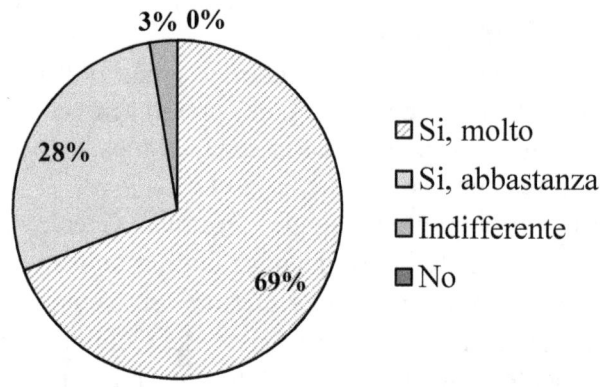

Figura 70 – L'interesse degli utenti al nuovo servizio ferroviario

**Qualora si attivasse il collegamento ferrovirio, sarebbe
interessato ad utilizzarlo?**

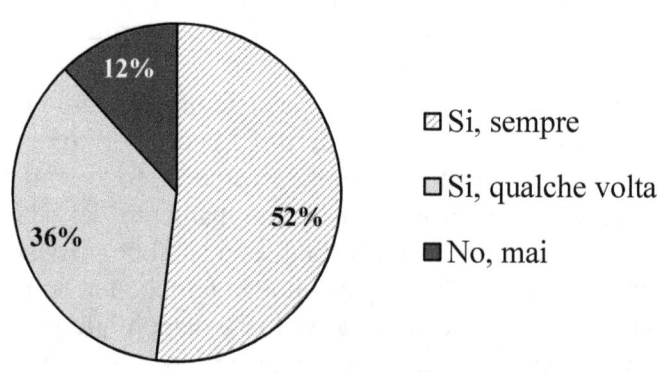

Figura 71 – Turisti intervistati presso la spiaggia di Serapo a Gaeta

L'ultima fase del dibattito pubblico ha riguardato la consultazione e partecipazione attiva degli stakeholders al progetto. Nello specifico, il 29 aprile 2016 nell'ambito dello Yacht Med Festival di Gaeta è stato organizzato un evento di consultazione e partecipazione dal titolo *"Il golfo di Geta: tra storia, turismo e sviluppo"* all'interno del quale sono stati riportati i primi risultati del progetto di fattibilità e recepiti gli spunti ed i contributi dei portatori di interesse. Durante l'evento, al fine di meglio far conoscere il progetto, sono state organizzate delle corse di prova sulla tratta già riqualificata della linea, ovvero tra il centro intermodale e la stazione di Formia. Questa iniziativa, che ha visto una notevole partecipazione dei portatori di interesse, ha di fatto sensibilizzato l'opinione pubblica sulle potenzialità offerte dal nuovo collegamento ferroviario, anche in ragione del fatto che è stato già riqualificato per il 70% del suo tracciato.

La S.V. è invitata a partecipare all'evento

"il Golfo di Gaeta:

tra storia, turismo e sviluppo"

Venerdì 29 Aprile 2016 – ore 18.00

Padiglione convegni – Villaggio Yacht Med Festival – Gaeta

PROGRAMMA

Saluti Istituzionali:
Cosmo Mitrano Sindaco Città di Gaeta
Andrea Ferroni Presidente FICEI

Intervengono:
Isabella Quaranta Consulta Cosind
Vera Liguori Mignano S. Giovanni a Mare
Armando Cartenì Federico II Napoli
Marcello Rollo Consorzio Industriale Brindisi
Salvatore Forte Consorzio Sviluppo Industriale Sud Pontino

Modera: **Sergio Monforte**

Figura 72 – Locandina dell'evento del 29 aprile 2016 nell'ambito dello Yacht Med Festival di Geta dal titolo "Il golfo di Gaeta: tra storia, turismo e sviluppo"

Figura 73 – Invito a fare un viaggio di prova sulla prima tratta della linea ferroviaria Formia-Gaeta (evento del 29 aprile 2016 nell'ambito dello Yacht Med Festival di Gaeta)

Durante l'evento, oltre a presentare le caratteristiche del progetto proposto, sono stati evidenziati i benefici e i costi che ne deriverebbero per la collettività (es. riduzione inquinamento, risparmio dei tempi di viaggio) stimolando uno scambio di informazioni bilaterali e dando largo spazio a risposte su curiosità e chiarimenti della sala.

I risultati del dibattito pubblico sono stati poi internalizzati nel progetto di fattibilità. Fase conclusiva del processo è stata quella di rendere pubblici i risultati che sono stati poi ripresi nei mesi successivi da diversi social networks, magazine on-line e testate giornalistiche locali (Figura 75).

Figura 74 – Un articolo di giornale riportante l'esito dei viaggi di prova sulla prima tratta della linea Formia-Gaeta (fonte: www.latinaoggi.eu, 2016).

Consenso pubblico ed analisi economico-finanziaria nel "progetto di fattibilità" Linee guida ed applicazione al progetto della Linea ferroviaria Formia-Gaeta

LazioSud

Rivista di Fondi e del Lazio meridionale   N. 9   Luglio - Settembre 2016

© 2016 Edizioni Lazio Sud, Fondi

La riqualificazione della linea ferroviaria Formia-Gaeta
di Armando Cartenì

Negli ultimi anni, nel settore dei trasporti, stiamo assistendo ad una progressiva contrazione dei fondi (regionali, nazionali e comunitari) stanziati per la realizzazione di opere di pubblica utilità. Parallelamente, si evidenziano anche criticità nella capacità di spesa dei fondi pubblici nel nostro Paese in termini di bassa qualità dei progetti prodotti, elevati tempi e costi di realizzazione nonché scarso consenso pubblico che spesso ostacola le nuove realizzazioni. Recentemente il Governo italiano ha deciso che sia invertita questa tendenza avviando una nuova stagione di pianificazione dei trasporti. Il recente Allegato infrastrutture al Documento di Economia e Finanza ed il Nuovo Codice degli appalti (approvati ad Aprile 2016) hanno della riqualificazione della linea ferroviaria Formia-Gaeta. Attività preliminare è stata l'analisi delle *best-practices* nazionali ed internazionali ovvero lo studio degli esempi di successo di riqualificazioni di linee ferroviarie come: la Circumetnea Catania-Riposto, la Transiberiana d'Italia Sulmona-Roccaraso, la ferrovia Lucca-Aulla, la Bernina Express Italia-Svizzera, la Belmond Hiram Bingham in Perù, la Darjeeling Himalayan Railway in India. In tutti i casi analizzati sono stati riscontrate linee storiche riqualificate e dedicate al turismo (anche con percorsi enogastronomici) i cui impatti economici per i territori coinvolti sono sempre stati significativi. Elemento centrale dello studio condotto da chi scrive è stato la stima degli effetti

Figura 75 – Un articolo di giornale riportante l'esito della prima fase del progetto di fattibilità (fonte: Lazio Sud, N.9 Luglio-settembre, 2016).

Bibliografia

Bierlaire, M. (2003); BIOGEME: A free package for the estimation of discrete choice models; Proceedings of the 3rd Swiss Transportation Research Conference, Ascona, Switzerland.

Bobbio, L. (2006); Dilemmi della democrazia partecipativa; Democrazia e diritto, 4, pp. 11-26.

Bobbio, L., Lewanski (2007); Una legge elettorale scritta dai cittadini; Reset, 101, pp. 76-77.

Cascetta, E. (2006); Modelli per i sistemi di trasporto – Teoria e applicazioni; UTET.

Cascetta E., Pagliara F. (2015); Le infrastrutture di trasporto in Italia: cosa non ha funzionato e come porvi rimedio; Aracne.

Cascetta, E., Cartenì, A., Pagliara F., Montanino, M. (2015); A new look at planning and designing transportation systems as decision-making processes; Transport Policy 38, pp. 27–39.

Caserini, S. (2011); Stime delle percorrenze di automobili, mezzi leggeri, mezzi pesanti e motocicli in funzione dell'età; Expert Panel Emissioni da Trasporto 20-21 giugno, Milano.

COPERT 4 (2012); Computer programme to calculate emissions from road transport - User's Manual; European Topic Centre on Air and Climate Change.

Decreto del Presidente del Consiglio dei Ministri (DPCM) n.273 del 3 agosto 2012 in materia di linee guida per la valutazione degli investimenti relativi ad opere pubbliche.

Decreto del Presidente della Repubblica (DPR) n. 207 del 5 ottobre 2010 in materia di Codice degli Appalti pubblici relativi a lavori, servizi e forniture.

Decreto Legislativo n. 152 del 3 aprile 2006 in materia di norme in materia ambientale.

Decreto Legislative n. 228 del 2011 in materia di valutazione degli investimenti relativi ad opere pubbliche.

Delibera CIPE n.96 del 20 dicembre 2004 nell'ambito della programmazione economica

Edelenbos, J., R. Monnikhof (eds) (2001), Local interactive policy development; Utrecht: Lemma.

European Commission (2008), Decreto Regio nell'ambito del System of regional models for impact assessment of EU cohesion policy.

European Commission (2014); Guide to Cost-benefit Analysis of Investment Projects; Economic appraisal tool for Cohesion Policy 2014-2020.

Fondo Monetario Internazionale (2016); Stime PIL periodo 2019-2024.

Gardner, J., R., Rachlin, R. Sweeny, A. (1986); Handbook of strategic planning; Wiley, New York.

Guida NUVV (2003), Guida per la certificazione da parte dei Nuclei regionali di valutazione e verifica degli investimenti pubblici.

HEATCO - Developing Harmonised European Approaches for Transport Costing and Project Assessment (2006); Deliverable 5: Proposal for Harmonised Guidelines.

ISTAT (2016), Indici nazionali dei prezzi al consumo per le famiglie di operai e impiegati.

Istituto per la Vigilanza sulle Assicurazioni – IVASS (2014); Relazione sull'attività svolta dall'Istituto nell'anno 2014

Istituto Superiore per la Protezione e la Ricerca Ambientale - ISPRA (2015); Dati trasporto stradale 1990-2014.

Legge di Stabilità 2015, legge n.190 del 23 dicembre 2014 nell'ambito di disposizioni per la formazione del bilancio annuale e pluriennale dello Stato.

Mansueto, A., Scarano, A., Cavegna, D. (2007), Il Metodo Montecarlo nell'Analisi Finanziaria. Rivista AIAF - Associazione italiana degli Analisti Finanziari, Fascicolo 62; pp. 33 – 38.

Ministero delle Infrastrutture e dei Trasporti (2016); Decreti, Documenti e Linee Guida di settore, tra cui il Nuovo codice degli Appalti, Le Strategie per le Infrastrutture di Trasporto e Logistica (ex Allegato Infrastrutture al DeF).

Ministero dello Sviluppo Economico - Direzione Generale per il Mercato, la Concorrenza, il Consumatore, la Vigilanza e la Normativa Tecnica (2016); Div. V "Monitoraggio dei prezzi e statistiche sul commercio e sul terziario".

Piano Regionale della Mobilità dei Trasporti e della Logistica del Lazio, (2013).

Piano Urbano del Traffico del Comune di Formia (2015).

Piano Urbano della Sosta del Comune di Formia (2015).

Piano Urbano dei Trasporti del Comune di Formia (2016).

Piano Urbano del Traffico del Comune di Gaeta (2016).

Regione Lombardia (2014); Interventi infrastrutturali: linee guida per la redazione di studi di fattibilità.

Regolamento Europeo n. 480 del 3marzo 2014 recante disposizioni comuni sul Fondo europeo di sviluppo regionale, sul Fondo sociale europeo, sul Fondo di coesione, sul Fondo europeo agricolo per lo sviluppo rurale e sul Fondo europeo per gli affari marittimi e la pesca e disposizioni generali sul Fondo europeo di sviluppo regionale, sul Fondo sociale europeo, sul Fondo di coesione e sul Fondo europeo per gli affari marittimi e la pesca.

Regolamento Europeo n. 207 del 20 gennaio 2015 recante disposizioni comuni sul Fondo europeo di sviluppo regionale, sul Fondo sociale europeo, sul Fondo di coesione, sul Fondo europeo agricolo per lo sviluppo rurale e sul Fondo europeo per gli affari marittimi.

Ricardo-AEA DG MOVE (2014); Update of the Handbook on External Costs of Transport. Final Report. Report for the European Commission.

Susskind, L., Cruikshank. J. (1987); Breaking the Impasse. Consensual Approaches to Resolving Public Disputes; Basic Books.

Susskind, L., Elliot M. (1983); Paternalism, Conflict and Coproduction; Plenum Press, New York.

Unione Petrolifera Italiana (2007); Rapporto APAT.

Unità di Valutazione, DG Politica Regionale e Coesione, Commissione Europea (2003); Guida all'analisi costi-benefici dei progetti di investimento, Fondi Strutturali, fondi di coesione e ISPA.

Unità di Valutazione degli investimenti pubblici - UVAL (2014); Lo studio di fattibilità nei progetti locali realizzati in forma partenariale: una guida e uno strumento.

Wardman, M., Chintakayala, P., de Jong, G. (2012); European wide meta-analysis of Values of Travel Time; University of Leeds report.

Sitografia

Dati ACI, disponibili su http://www.aci.it/laci/studi-e-ricerche/dati-e-statistiche/autoritratto.html (ultimo accesso novembre 2016).

Dati ISTAT, 2014-2016 disponibili su http://www.istat.it/it/prodotti/banche-dati (ultimo accesso novembre 2016).

Dati studenti iscritti scuole Formia e Gaeta disponibile su www.scuolainchiaro.it (ultimo accesso novembre 2016).

Piano Mobilità dell'Lazio disponibile su https://www.pianomobilitalazio.it/ (ultimo accesso novembre 2016).

Immagini storiche linea Formia-Gaeta disponibili su www.facebook.com/ferroviaformiagaeta/ (ultimo accesso novembre 2016)

www.ingramcontent.com/pod-product-compliance
Lightning Source LLC
Chambersburg PA
CBHW070949200526
45161CB00001BA/49